周 期 表

	第13族	第14族	第15族	第16族	第17族	第18族
						₂He 非 ヘリウム 1s² 気He(-269) 絶
	₅B 非 ホウ素 [He]2s²2p¹ 固[2180] 半	₆C 非 炭素 [He]2s²2p² 固ダイヤモンド絶 グラファイト 23	₇N 非 窒素 [He]2s²2p³ 気N₂(-196) 絶	₈O 非 酸素 [He]2s²2p⁴ 気O₂(-183) 絶	₉F 非 フッ素 [He]2s²2p⁵ 気F₂(-188) 絶	₁₀Ne 非 ネオン [He]2s²2p⁶ 気Ne(-246) 絶
	₁₃Al 金 アルミニウム [Ne]3s²3p¹ 固[660] 400	₁₄Si 半 ケイ素 [Ne]3s²3p² 固[1410] 半	₁₅P 非 リン [Ne]3s²3p³ 固 黒色:半, 黄色:絶	₁₆S 非 硫黄 [Ne]3s²3p⁴ 固	₁₇Cl 非 塩素 [Ne]3s²3p⁵ 気Cl₂(-35) 絶	₁₈Ar 非 アルゴン [Ne]3s²3p⁶ 気Ar(-186) 絶

第10族	第11族	第12族						
₂₈Ni 金 ニッケル [Ar]3d⁸4s² 固[1453] 161	₂₉Cu 金 銅 [Ar]3d¹⁰4s¹ 固[1083] 645	₃₀Zn 金 亜鉛 [Ar]3d¹⁰4s² 固[420] 182	₃₁Ga 金 ガリウム [Ar]3d¹⁰4s²4p¹ 液[29.8] 67	₃₂Ge 非 ゲルマニウム [Ar]3d¹⁰4s²4p² 固[937] 半	₃₃As 非 ヒ素 [Ar]3d¹⁰4s²4p³ 固[613昇華] 半	₃₄Se 非 セレン [Ar]3d¹⁰4s²4p⁴ 固[221分解] 半	₃₅Br 非 臭素 [Ar]3d¹⁰4s²4p⁵ 液Br₂(59) 絶	₃₆Kr 非 クリプトン [Ar]3d¹⁰4s²4p⁶ 気Kr(-152) 絶
₄₆Pd 金 パラジウム [Kr]4d¹⁰ 固[1554] 100	₄₇Ag 金 銀 [Kr]4d¹⁰5s¹ 固[962] 680	₄₈Cd 金 カドミウム [Kr]4d¹⁰5s² 固[321] 147	₄₉In 金 インジウム [Kr]4d¹⁰5s²5p¹ 固[157] 125	₅₀Sn 金 スズ [Kr]4d¹⁰5s²5p² 固[232] 88	₅₁Sb 金 アンチモン [Kr]4d¹⁰5s²5p³ 固[631] 26	₅₂Te 非 テルル [Kr]4d¹⁰5s²5p⁴ 固[450] 半	₅₃I 非 ヨウ素 [Kr]4d¹⁰5s²5p⁵ 固I₂[114] 絶	₅₄Xe 非 キセノン [Kr]4d¹⁰5s²5p⁶ 気Xe(-107) 絶
₇₈Pt 金 白金 [Xe]4f¹⁴5d⁹6s¹ 固[1772] 102	₇₉Au 金 金 [Xe]4f¹⁴5d¹⁰6s¹ 固[1064] 488	₈₀Hg 金 水銀 [Xe]4f¹⁴5d¹⁰6s² 液(357) 11	₈₁Tl 金 タリウム [Xe]4f¹⁴5d¹⁰6s²6p¹ 固[304] 67	₈₂Pb 金 鉛 [Xe]4f¹⁴5d¹⁰6s²6p² 固[328] 52	₈₃Bi 金 ビスマス [Xe]4f¹⁴5d¹⁰6s²6p³ 固[271] 7	₈₄Po 金 ポロニウム [Xe]4f¹⁴5d¹⁰6s²6p⁴ 固[254] 22	₈₅At 非 アスタチン [Xe]4f¹⁴5d¹⁰6s²6p⁵ 固[302] 人工放射性	₈₆Rn 非 ラドン [Xe]4f¹⁴5d¹⁰6s²6p⁶ 気Rn(-62) 絶
₁₁₀Ds ダームスタチウム 人工放射性	₁₁₁Rg レントゲニウム 人工放射性	₁₁₂Cn コペルニシウム 人工放射性	₁₁₃Nh ニホニウム 人工放射性	₁₁₄Fl フレロビウム 人工放射性	₁₁₅Mc モスコビウム 人工放射性	₁₁₆Lv リバモリウム 人工放射性	₁₁₇Ts テネシン 人工放射性	₁₁₈Og オガネソン 人工放射性

₆₄Gd 金 ガドリニウム [Xe]4f⁷5d¹6s² 固[1311] 7	₆₅Tb 金 テルビウム [Xe]4f⁹6s² 固[1360] 9	₆₆Dy 金 ジスプロシウム [Xe]4f¹⁰6s² 固[1409] 11	₆₇Ho 金 ホルミウム [Xe]4f¹¹6s² 固[1470] 11	₆₈Er 金 エルビウム [Xe]4f¹²6s² 固[1522] 12	₆₉Tm 金 ツリウム [Xe]4f¹³6s² 固[1545] 11	₇₀Yb 金 イッテルビウム [Xe]4f¹⁴6s² 固[824] 37	₇₁Lu 金 ルテチウム [Xe]4f¹⁴5d¹6s² 固[1656] 15
₉₆Cm 金 キュリウム [Rn]5f⁷6d¹7s² 固[1340] 人工放射性	₉₇Bk 金 バークリウム [Rn]5f⁹7s² 固[986] 人工放射性	₉₈Cf 金 カリホルニウム [Rn]5f¹⁰7s² 固[900] 人工放射性	₉₉Es 金 アインスタイニウム [Rn]5f¹¹7s² 人工放射性	₁₀₀Fm 金 フェルミウム [Rn]5f¹²7s² 人工放射性	₁₀₁Md 金 メンデレビウム [Rn]5f¹³7s² 人工放射性	₁₀₂No 金 ノーベリウム [Rn]5f¹⁴7s² 人工放射性	₁₀₃Lr 金 ローレンシウム [Rn]5f¹⁴6d¹7s² 人工放射性

物質の機能を使いこなす

―物性化学入門―

上智大学名誉教授
理学博士
杉森 彰 著

東京 裳華房 発行

INTRODUCTION TO CHEMISTRY THROUGH FUNCTIONALITIES OF MATERIALS

by

AKIRA SUGIMORI, DR. SCI.

SHOKABO

TOKYO

JCOPY 〈出版者著作権管理機構 委託出版物〉

まえがき

"改革"という名の下で行われた，大学教育の枠組みの変更によって，一般教養科目は大幅に削減・廃止され，また一般教養に携わっていた教養課程担当の教員の専門課程への取り込みなどで，一般教養に責任を持つ教員がいなくなり，大学初年級の（特に理系の）基礎科目の教育は荒廃してしまった．それに加えて，大学の入試科目の削減で，高校で物理，化学，生物などの基礎科目を履修していない学生が大学理系学部・学科に入ってくるようにもなった．

このような状況に対応する，理工系の基礎教育としての"化学"はどうあらねばならないのだろうか？　現代の**物質**文明は，その言葉が端的に示すように**物質**に支えられている．化学系でない学部・学科（理学では物理，工学では機械工学，電気・電子工学，土木工学，建築工学，情報工学，物理工学など）にとっても，物質（材料，素材）の基礎知識はますます重要性を増している．21世紀の科学・技術を担わなければならない理工系の学生に対する，"**物質**（モノ）"を理解して利用する立場に立った新しい化学教育の体系が再構築されなければならない時期に来ているのではなかろうか．

本書は，化学を専門としない学生に対する化学への導きの一つの試みである．高校で化学を履修してこなかった学生に対して，物質に対する正しい理解を与えた上に，物質と付き合っていくための広い展望を与えるのが目標である．

化学に与えられる時間も少なくなっているので，内容も絞り込まなければならない．化学は物質の，構造，反応，合成，物性（機能性）などを研究対象としている．化学として一番面白いのは，物質の変化（反応と合成）であ

ろうが本書ではこれを取り上げず，物質の構造と機能性に絞った．化学を専門としない科学者・技術者は，物質の機能性について，化学者と相談し，意見・情報を交換するための基礎知識を持っていれば十分であり，モノ作りは化学者に任せればよいと考えるからである．

　本書は2部構成になっている．すなわち，第1部では，物質の構造の複雑化（深化：電子・原子核→原子→分子→物質（原子・分子の集合体））とはどんな仕組みによって起こるか？　またそれに伴って機能性（本書では，力学的特性，熱的特性，電気的特性，磁気的特性，光学的特性を扱う）はどのように変わるか？　を扱う．

　第2部では，第1部とは逆に，物質の機能性を全面に出し，物質の構造との関連を論じる．ここは，第1部を見方を変えて再編成した上に，新しい材料を付け加えて，物質の機能性についての広い視野を養成することを目的にしている．さらに付録として，物質の構造と機能性との関連が全体として捉えられるようにした表（240-248ページ）を載せた．物性値も載せた周期表（表紙見返し参照）とともに十分活用していただきたい．

　第1部は，オーソドックスな化学の学習の上に，物性を考察するものであり，時間に制約がある場合（例えば2単位の授業の場合）は，ここをしっかり勉強するだけで十分ではないかと思う．

　全体にわたって，身の回りにある化学物質，化学現象の理解にも気を配った．物質の機能性は何も工業製品の中に生かされているだけでなく，日常身の回りにもあるからである．

　演習問題は，力試しではなく，本文や身の回りの化学現象を理解するための易しいものにした．

　本書は，先に著者が出した『化学と物質の機能性―化学を専門としない学生のための化学―』（丸善）を発展させたものである．前著では説明不足であったところが改善されているものと思っている．この本を作るに当たっ

て，編集部の亀井祐樹氏には大変なお世話になった．著者の不完全な原稿を，綿密な構成で整ったものに再編成していただき（それは，ほとんど全面的な改訂といった規模のもので），また不十分なところを補っていただき，おかげで学習しやすいものに仕上がったと思う．ほとんど共著者と言ってもよい同氏に深く感謝する．また，亀井氏のあとを引き継いで，綿密な仕事で本書を形にして頂いた小島敏照氏にも感謝する．

2002年6月

杉 森　彰

目　次

第1部　物質の構造から機能をみる

第1章　モノを使いこなすとは

1・1　モノを賢く使う……………2
1・2　この本で考えること………3
練習問題…………………………5

第2章　物質構造の階層性と機能性

2・1　物質構造の階層性と化学…7
2・2　化学の進歩とは……………8
2・3　物質構造の階層と機能の発現……………………9
練習問題…………………………11

第3章　電子のプロフィール

3・1　電子のプロフィール ……12
3・2　電子が持つ機能性 ………14
練習問題…………………………16

第4章　原子のプロフィール

4・1　原子のプロフィール ……17
4・2　原子の中の電子の運動 …19
4・3　量子力学の考え方 ………20
4・4　原子の中の電子の軌道 …23
練習問題…………………………29

目次　vii

第 5 章　元素の周期律

5・1　原子の中の電子配置 ……31
5・2　電子配置と原子の性質 …36
　5・2・1　なぜ周期律が
　　　　　現れるのか……… 36
5・2・2　周期表の族………… 38
5・2・3　周期表の周期……… 40
練習問題……………………… 44

第 6 章　原子の機能性

6・1　原子の力学的特性 ………46
6・2　原子の熱的特性 …………46
6・3　原子の電気的特性 ………48
6・4　原子の磁気的特性 ………48
6・5　原子の光学的特性 ………50
6・5・1　光の放出…………… 50
6・5・2　光の吸収と物質の色
　　　　　………………………52
練習問題……………………… 53

第 7 章　結合のいろいろ

7・1　結合というもの …………54
7・2　イオン結合のプロフィール
　　　………………………………55
7・3　共有結合のプロフィール 56
　7・3・1　共有結合とは……… 57
　7・3・2　共有結合と電子の軌道
　　　　　の変化……………… 58
　7・3・3　結合性軌道と
　　　　　反結合性軌道…… 61
　7・3・4　シグマ結合とパイ結合
　　　　　……………………… 62
　7・3・5　共有結合の分極……66
7・3・6　配位結合…………… 67
7・4　金属結合のプロフィール
　　　……………………………69
7・5　軌道の混成—共有結合をさ
　　　らに理解するために— 71
　7・5・1　sp 混成軌道 ………72
　7・5・2　sp^2 混成軌道 ………75
　7・5・3　sp^3 混成軌道 ………77
　7・5・4　軌道の混成，結合の生
　　　　　成とエネルギー…77
練習問題……………………… 79

第8章　結合が作り出すもの

8・1　ミクロからマクロへ …… 81
8・2　結合はどのような物質を
　　　生み出すか ……………… 82
　8・2・1　共有結合が生み出す
　　　　　物質 ………………… 82
　8・2・2　イオン結合が生み出す
　　　　　物質 ………………… 85
　8・2・3　金属結合が生み出す
　　　　　物質 ………………… 86

8・3　結合はどのような機能を
　　　生み出すか ……………… 87
　8・3・1　物質の力学的特性 … 87
　8・3・2　物質の熱的特性 …… 90
　8・3・3　物質の電気的特性 … 93
　8・3・4　物質の磁気的特性 … 97
　8・3・5　物質の光学的特性 … 98
練習問題 …………………………100

第9章　気体，液体，固体，液体と固体のあいだ

9・1　気体，液体，固体の
　　　プロフィール ……………101
　9・1・1　気体 …………………102
　9・1・2　液体 …………………102
　9・1・3　固体 …………………105
9・2　気体，液体，固体によって
　　　決まる機能性 ……………105

9・3　液体と固体のあいだ
　　　―ガラスと液晶― ………106
　9・3・1　ガラス ………………106
　9・3・2　液晶 …………………109
9・4　アモルファス ……………112
練習問題 …………………………114

第10章　高分子化合物

10・1　高分子化合物の種類と
　　　　成り立ち ………………115
10・2　高分子化合物の構造 ……118
10・3　高分子化合物の性質はどの
　　　　ようにして決まるか … 118

10・4　高分子化合物が持つ機能
　　　　………………………… 121
10・5　炭素繊維とガラス繊維 … 122
10・6　ポリマーアロイ ………… 124
練習問題 ………………………… 124

第11章　セラミックスとセメント，合金

11・1　セラミックスとガラス，セメントの特性………126
  11・1・1　セラミックスとガラス………126
  11・1・2　セメント………127
11・2　成分による特性の変化
  　　　—ケイ素や金属の酸化物と新素材—………128
  11・2・1　ケイ素や金属の酸化物の構造と特性…129
  11・2・2　ニューガラスとファインセラミックス………130
  11・2・3　金属の酸化物が示す超伝導性………132
11・3　合金の特性………132
練習問題………135

第12章　天然物材料

12・1　植物材料のプロフィール………136
12・2　動物材料のプロフィール………138
12・3　鉱物材料のプロフィール………139
  12・3・1　岩石………139
  12・3・2　砂と土，粘土……141
練習問題………142

第13章　材料の複合化

13・1　複合化による機能の発現………143
13・2　積層による複合化………144
練習問題………146

第2部　機能性から物質をみる

第14章　物質の力学的特性

14・1　力学的特性のいろいろ…148
14・2　ミクロから見た変形の
　　　　メカニズム……………150
　14・2・1　変形のモデル ……150
　14・2・2　格子欠陥の存在 …151
　14・2・3　ゴムが示す弾性の
　　　　　　メカニズム ……153
14・3　弾性………………………154
14・4　塑性………………………158
14・5　形状記憶効果……………159
14・6　複合化による力学的特性の
　　　　強化………………………160
練習問題 ……………………………161

第15章　物質の熱的特性

15・1　熱的特性のいろいろ……162
15・2　ミクロから見た熱と温度
　　　　…………………………163
　15・2・1　気体における熱と温度
　　　　　　…………………163
　15・2・2　固体における熱と温度
　　　　　　…………………164
15・3　熱伝導性…………………166
15・4　ミクロから見た熱伝導の
　　　　メカニズム……………168
　15・4・1　気体における熱伝導の
　　　　　　メカニズム ……168
　15・4・2　固体における熱伝導の
　　　　　　メカニズム ……168
15・5　耐熱性……………………170
練習問題 ……………………………170

第16章　物質の電気的特性

- 16・1　電気的特性のいろいろ…171
- 16・2　良導体と超伝導体………173
  - 16・2・1　良導体……………173
  - 16・2・2　超伝導体…………174
- 16・3　半導体……………………176
- 16・4　ミクロから見た電気伝導の メカニズム……………177
- 16・4・1　良導体の電気伝導の メカニズム……177
- 16・4・2　半導体の電気伝導の メカニズム……177
- 16・5　固体電解質………………179
- 16・6　強誘電体…………………180
- 練習問題…………………………183

第17章　物質の磁気的特性

- 17・1　いろいろな磁性…………184
- 17・2　磁性はどのようにして 生じるか……………186
- 17・3　物質構造の複雑化と磁性 …………………………188
- 17・4　磁化と永久磁石…………189
- 17・5　強力な永久磁石…………191
- 17・6　フェリ磁性………………192
- 17・7　MRI……………………193
- 練習問題…………………………195

第18章　物質の光学的特性

- 18・1　光学的特性のいろいろ…197
- 18・2　光のプロフィール………198
- 18・3　光の透過と吸収…………200
  - 18・3・1　光の吸収による機能 …………………200
  - 18・3・2　光の透過による機能 …………………201
- 18・4　発光―レーザーについて― …………………………203
- 18・5　光起電性の利用と 発光ダイオード………203
  - 18・5・1　光起電性…………205
  - 18・5・2　発光ダイオード…207
- 18・6　光記録……………………209
- 練習問題…………………………210

第19章　材料の劣化

19・1　使用による材料の劣化…211
19・2　自然環境の中で起こる
　　　　材料の劣化 ……212
練習問題 …………………………214

第20章　材料の有害性と安全性

20・1　製造者および使用者の安全
　　　　と環境の保全…………215
20・2　危険物の種類………………217
20・3　危険物の見分け方………217
20・4　安全性を確保するには…219
練習問題 …………………………220

第21章　資源とリサイクル

21・1　資源の量……………………221
21・2　リサイクルによる
　　　　資源の節約……………223

練習問題の略解 …………………………………………………225
まとめの表…………………………………………………………240
索　引………………………………………………………………249

第 1 部

物質の構造から機能をみる

基本的な電子から原子・分子を通って我々が手に取る複雑な物質まで，物質構造の深化はどのような原理に基づいて起こるかをたどり，化学の体系を正統的な学習で身につけるとともに，物質の機能性が，構造の複雑化とどのように関わり合うかを学ぶことによって，物質の機能を使いこなす基盤を養う．これは，我々が日常接している化学現象の理解にも通ずる．

1

モノを使いこなすとは

　我々は"モノ"という言葉をよく使う．しかし"モノ"とは，いったい何であろうか．まずはそれを科学的に，あるいは化学的に考えてみよう．そして我々の目標である**物質の正しい理解**と，その上に立って**物質の機能**を引き出し，我々の生活に役立てていくという"**物質との賢い付き合い方**"についての勉強を始めよう．

1・1　モノを賢く使う

　日常生活で我々はいろいろな**モノ**を利用して生きている．そもそも我々人間自身がモノの1つである．
　さて，いま"モノ"といったが，これには2つの意味がある．1つは，茶碗，フライパン，テレビ，携帯電話機，自動車などといった器物や製品などのことであり，もう1つは，これらを作っている**素材**で鉄，ガラス，セメント，土，石などのことである．
　我々は，何でも手に入れることのできる豊かな時代の日本に生活している．しかし，現在でも貧困に悩まされている国の人たちは食料，医療にも困っている．日本も，今のように豊かになったのは近々30年くらいのことに過ぎない．そして現在，モノの大量消費は，地球環境の悪化と資源の枯渇を招き，将来に暗い影を投げかけている．我々には，いまこそ"**モノを賢く使**

表 1・1 モノを使うとは

モノを使う立場	技術開発に携わる職業人としての立場 消費する一般市民としての立場
モノの使い方	最適なモノを選び出して使う 安全に使う（自身の安全と，他人・環境への安全） リサイクル方法を考えて使う

う"という知恵が切実に求められている．

　表 1・1 を見ていただきたい．我々がモノを使うのには，それを利用して技術開発に携わる職業人としての面と，それらを便利に使い，消費する一般市民（すなわち生活者）としての面とがある．"賢く使う"ということは，目的に適った最適なモノを選び出して使うことのほかに，**安全性**も問題となろう．このとき使用者自身の安全のほかに，環境への影響も考慮しなければならない．さらに資源やエネルギーの問題を考え，リサイクルの方法についても確立しておかなければならないであろう．

1・2　この本で考えること

　さて本書は，対象を限定し，最初のページで述べた第二の意味での"モノ"，すなわち**素材**を使いこなしていくときの基本的な考え方を，素材を利用する立場の職業に就くであろう非化学系の理工系学生とともに追求していこうとするものである．

　素材は**材料**とも呼ばれ，また**物質**と言い換えることもできる．本書では，この 3 つを適宜使い分けていく．
　なお**物体**とは，物質のうち，我々が直接目で見たり，手で触ったりすることのできるものをいう．つまり，物体とは**"マクロな物質"**と言い換えることもできる．以上から分かるように，単に"物質"といった場合には，物体をも含んでいることになる．

ところで物質の特性（それが役に立つものならば**機能性**と呼ばれ，生命に害を与えるものならば**毒性**と呼ばれる）は，物質の構造（すなわち原子・分子と，その集合形態）と関連づけることができる．それらの関連を明らかにする学問が**化学**である．こうしたアプローチによって，機能性の本質を原子・分子のミクロなレベルで解明するとともに，その機能を発現させるのにより良い構造を持った物質の存在を"予言"することもできよう．さらに，化学は物質の変換（つまり反応や合成）をも得意にしているのであるから，その機能を発現させるのに最適な構造を持った物質を作り出す技術をも提供することになる．

人類をはじめとする生物の生存を支えているのは，**物質とエネルギー**であると言われる．しかしよく考えてみると，エネルギーを支えているのが物質である場合が多いことに気づく．動物のエネルギーは食物という物質によって供給され，自動車の動力は石油や液化天然ガスによっている．電池を働かせているのも物質である．物質についての理解，すなわち"化学の理解"が，21世紀に生きる市民や技術者にとって不可欠な理由がここにもある．

いま，1つの例について技術の展開をたどってみよう．

人類にとって最も歴史の長い道具は狩猟，戦争，調理，農作業に用いる器具であろう．ここでは力学的な特性が問題になるが，加工性や耐久性をも加味され，図1・1のように素材が変化してきた．

図1・1　素材の変遷

狩猟器具，武器などは人類の発生とともにあった技術であり，物質の**力学的特性**は古くから親しいものであったろう．これに反し**電気的特性**は，人類が電気を自由に使いこなすようになって以後問題になってきた機能であり，電気の歴史そのものも数百年しかない．さらに電気的特性の中でも**超伝導性**は，最近大きな問題になってきたものである．このように，機能性に新しい展開があると，化学もその機能性を物質の面から追求して新しい展開を見せる．化学は，こうした面からも日に日に発展を続けているのである．

　さて，このような化学の状況を考えたとき，化学の成果を利用していく立場の，**化学を専門としない技術者や科学者**は，どのように対処していったらよいであろうか．

　著者は

物質の構造と機能性についての大局的な知識と洞察力を持ち，解決すべき問題について，化学の専門家と情報の交換ができればよい

と考えている．化学の専門家に問題を的確に提示し，何を解決してほしいかをはっきりと指示するのである．それには**化学に何ができるか，何ができそうか**を予測できなければならない．しかし，"最適なモノを選んで，それを作る"という仕事は，化学の専門家に任せてしまえばよい．そう考えると，化学の成果を利用していく立場からは，化学を丸ごと学ぶ必要はないであろう．"モノを作る"という，化学にとっては最も重要な分野さえ，スキップしてもよいのではないか．

　"モノを賢く使う"ための考え方が，少しでも読者の身についてくれれば，本書の目的は達せられたことになる．

練習問題

1. 鍋，釜，フライパンなどの調理器具について，その材料が人類の歴史の中で，どのように変遷し多様化してきたかを考察せよ．
2. 酒を飲む容器の素材の多様性について考えてみよ．どの酒にはどの器が

似合うだろうか．
3．ラジオの受信機がどのように小さくなり，軽くなってきたかを材料と関連づけて考えてみよ．
4．身の回りで昔にはなく，最近使われるようになってきた材料を思いつくままに列挙せよ．
5．身の回りで，耐久性に優れるようになったと実感するモノを挙げよ．

2

物質構造の階層性と機能性

　物質を正しく理解するためには物質を細かく分け，その成り立ちを調べていかなければならない．物質はミクロな原子や分子からできているが，それらの組み合わせ方によって，様々に違ったマクロな物質として我々の前に現れる．

　この章では，物質の構造と機能性について見ていくことにしよう．

2・1　物質構造の階層性と化学

　モノの構成要素を，大きいものから小さいもの，細かいものへと系統的に見ていくと，そこに階層性があることに気づく．

　我々が使っている道具は，様々な部品からできている．部品も，見てはっきりと分かるような，不均一ないくつかの材料からできている．均一な材料も，いろいろな物質の**混合物**である場合が多い．こうした混合物を成分に分けてみると，いくつかの**純物質**が得られる．純物質は目で見，手で触ってみることができるものであるが，これを細分化していくと**分子，原子**に到達する．分子や原子は極めて小さいもので最近まで見ることができず，化学者がいろいろな状況証拠から，その実在を信じていたものであった．電子顕微鏡の進歩により，原子1個1個の像を目にすることができるようになったときの化学者の感激は忘れられない．

純物質のうち，特に2種類以上の元素からできているものを**化合物**といい，ただ1種類の元素からできているものを**単体**という．元素については，19ページで説明する．

ところで化学では，上でたどった**物質構造の階層性**とは逆向きに，原子・分子を基礎に置いて，複雑な混合物の世界までを統一的に解釈しようとする．目に見えないミクロな原子・分子の行動と，我々が現実に利用する多様でマクロな物質の特性との間に理論的な関係を確立しようとする．物質の特性には様々なものがあり，"硬いが脆い"とか"電気をよく通す"などの**物理的特性**，"錆びやすい"とか"燃えやすい"といった**化学的特性**，さらには"薬になったり，毒になったりする"という**生物学的特性**がある．**化学**は，これらの物質の特性を原子・分子の行動に基づいて解明しようとする．

このように，物質構造の階層性と化学とは，密接な関わりがある．

2・2　化学の進歩とは

さて前節を読んで，化学のことをすでに完成され，固定化された学問のように思った読者がいるかも知れない．しかし実際，化学は1日1日と進歩している．では，化学の進歩とは何であろうか．

分子の種類は無限である．原子の組み合わせ方によって，いくらでも新しい分子を作り出すことができるからである．これらの分子は，すばらしい機能を持っているかも知れない．また，機能の方も進化する．力学的特性は，人類が原始の時代から問題にしてきた機能と思われるが，電気的特性は，電気というものが科学的に解明されてからやっと問題になってきたものである．その電気的特性も，最近では超伝導性や光起電性など，新しい機能が脚光を浴びるようになってきている．

こうなると，これまで知られていた物質に思いもよらないすばらしい特性が隠れていたことが分かったり，新しく発見された，こうした**マクロ**な特性

図 2・1　化学の進歩と化学の役割

を発現させるのに，最も良い**ミクロ**な化学構造が理論的に提案され，それが化学の力で作り出されるようになってくる．化学は，このようなミクロとマクロの，それぞれの側からの相互の刺激によって生き生きと成長する．これが，すなわち**化学の進歩**である．

以上述べたような化学の進歩について，その役割も含め図 2・1 にまとめた．

2・3　物質構造の階層と機能の発現

物質の機能には，原子・分子の**ミクロ**なレベルにおいても発現するものと，**マクロ**な集合体にならないと発現しないものとがある．力学的特性は，形のある物体についての性質なので，マクロな集合体でなければ現れない特性である．それに対して磁気的特性はミクロなレベル，すなわち物質を構成する最も基本的な粒子の1つである電子においても現れる特性である．

> 本書では磁気的特性のことを，主に**磁性**と呼ぶことにする．ただし 17・2 節でのように，常磁性または強磁性を指して，特に"磁性"と呼んでいる箇所

第2章 物質構造の階層性と機能性

図2・2 物質構造の階層性と機能

もある．

　それなら磁性は，原子→分子→集合体と，系が複雑になっていっても電子が存在しさえすれば発現するのかというと，そうはならない．人間の体の中には大変多くの電子が存在するが，我々が磁石に近づいても吸い付けられることはない．これは，電子が本来的に持っている磁性が，原子・分子を作るときに"隠れてしまう"ためである．磁性は物質構造の複雑化とともに，現れたり隠れたりする．

　このように**物質構造の階層によって，ある機能が発現したりしなかったりする**ということも，自然の神秘として，とても面白いことではなかろうか．

　以上を図 2・2 に，まとめておこう．

練習問題

1. 花崗岩はどのような物質から構成されているか．マクロな視点からミクロな視点へと順次たどって考えよ．
2. 蛍光灯は，どのような素材からできているか．

3

電子のプロフィール

　電子は素粒子の1つで，化学が対象にするものの中で最も小さく，最も基本的なものである．徐々に本書の中で明らかにしていくように，電子の挙動が物質の性質（つまり物理的特性，化学的特性や生物学的特性）のほとんどを決めている．物質を理解することは，その中の電子の働きを理解することといってよい．

　物質の中で，電子は原子核の支配のもとに行動しているが，本章ではまず，原子核に束縛されていない，遊離の電子のプロフィールを描き出すことにしよう．

3・1　電子のプロフィール

　遊離の，すなわち原子核に束縛されていない**電子**は，質量 9.1×10^{-28} g で，1.6×10^{-19} C のマイナス電荷を持った粒子である（ここで電荷の単位 C は"**クーロン**"と読む）．

　上で述べた，遊離の電子の質量は，最も簡単な原子核である水素の原子核（これは**プロトン**と呼ばれ，H$^+$ で表す）の 1/1840 に相当する．また，その電荷量は，電荷の最小単位になっている．したがって，この電荷量を**電気素量**と呼ぶ．

　　　遊離の電子の電荷や質量は，ここであらためて暗記しなくても，例えば高

等学校で化学を学んだ経験のある読者なら，計算により簡単に求めることができる．

6×10^{23} 個，すなわち 1 mol（mol は"**モル**"と読む）の遊離の電子の電荷は 96500 C である．これから 1 個の電子の電荷をすぐに求めることができる．また水素原子 6×10^{23} 個，すなわち 1 mol の質量が 1 g であることから，1 個の水素原子の質量が計算でき，その約 1/2000 として，電子の質量が求められる．正確な数値ではなくても，十分に間に合う場合は多い．

このようにいろいろな数値，つまり**物理量**が互いにどのように関連しているのかを理解しておくと，暗記しておかなければならない事柄が少なくて済み，知識の応用も広くなる．

なお上で述べたような，1 mol に含まれる個数を表す数値 6×10^{23} のことを**アボガドロ定数**と呼び，N で表すことが多い．

ところで，遊離の電子はどのようにすれば作り出すことができるであろうか．目には見えないが遊離の電子は，我々が日常生活で使用している電気器具，例えば蛍光灯やテレビのブラウン管の中で縦横に活躍している．

図 3・1 に示すようにブラウン管の中で，電子は高温に加熱された陰極から放出されている（なお陰極には，電子を放出する能力の高いストロンチウム化合物などが塗られている）．放出されたばかりの電子はエネルギーが小さい，すなわち速度が小さいけれども，陽極との間に高い電圧がかけられているために加速され，やがて電子は大きな速度を持って飛ぶようになる．

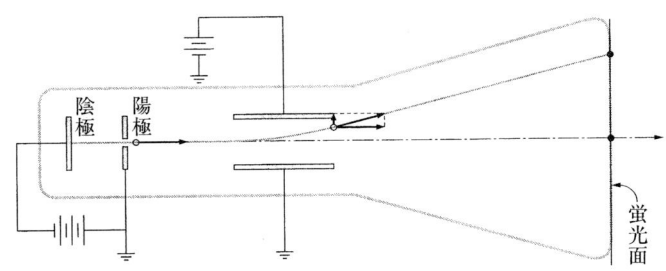

図 3・1　ブラウン管の中での，遊離の電子の発生と流れ

上で述べたような電場による加速によって，一定の速度，すなわち一定のエネルギーを持った遊離の状態の電子を作り出すことができる．このため電子は，その特性を調べやすいともいえる．

なお以下では電子について，**特に"遊離の"と断らない場合もある**ので注意してほしい．

3・2　電子が持つ機能性

物質を構成する，最も基本的な粒子である電子は，すでに機能性を持っている．

2・3節でも述べたように，物質の機能にはミクロなレベル，すなわち電子や原子・分子の段階で現れるものと，マクロなレベル，すなわち原子・分子の集合体において初めて現れるものとがある．例えば，力学的特性は物体についての性質，すなわちマクロなレベルで現れる性質であり，電子，原子・分子といったミクロなレベルにおいては現れない．したがって，"遊離の電子の力学的特性"といったものは意味を持たない．

しかし**電気的特性と磁性**とは，すでに電子の段階で重要なものとして現れる．

まず，電気的特性を考えよう．図3・1のように，ブラウン管中を遊離の電子が飛ぶということは，実はブラウン管中を電気が伝わったということである．1s間に N 個の電子が，陰極と陽極の間を移動したとすれば

$$N \times (1.6 \times 10^{-19}) \text{ A}$$

の電流が流れたことになる（ここで電流の単位 **A** は**"アンペア"**と読む）．

上の式からも分かるように，電流とは，1s間に移動した電荷の量のことである．よりくわしいことは"電磁気学"の講義で学ぶであろう．

磁性はさらに重要である．1個の遊離の電子はすでに強い磁石であり，すなわち**磁性**を持っている．この機能は，電子の自転（これを**スピン**という）

3・2 電子が持つ機能性

図3・2 電子の自転によってスピン磁気モーメントが生じる様子

によって生まれたものである．つまり電気を持ったもの（いまの場合は，電子）が円運動（いまの場合は，自転）を行うことは，円形コイルに電流が流れたことに相当し，この結果，**磁気モーメント**が生じるのである（これを特に，**スピン磁気モーメント**と呼ぶ）．これが，電子の磁性の源である．**図3・2**に，スピン磁気モーメントが生じる様子を示した．

円形コイルに電流が流れたときに磁気モーメントが生じる現象については，"電磁気学"の講義でくわしく学ぶであろう．

なお外から加えられた磁場中において，スピン磁気モーメントは**2つの状態しか許されない**．すなわち外部の磁場の方向に一致するか，それとは反対の方向を向くかのいずれかのみであり，ある種の"不自由さ"をともなっている．

電子の磁性は，量子力学によって本格的に説明される．**量子力学**は，電子や原子のようなミクロなものの行動を支配する法則を明らかにする学問である．読者にとって，すでになじみが深いであろうニュートン力学は，そうした微小なものの世界では成り立たない．

微小なものは，その運動の速度によって異なる**波**を担い，この波の干渉が微小なものの動きを制限している．つまり，我々の生活している"ニュートン

力学の世界"より，微小なものの世界は不自由なのである．しかしこの"不自由さ"こそが，磁性のみならず，原子の性質や結合といった化学の基本を決める根本なのである．

このように重要な量子力学であるけれども，これをきちんと学習するためには，どうしても高度な数学が必要になる．量子力学を駆使して話を進めることは，やさしく化学の基本を理解しようという本書の趣旨にそぐわない．そこで本書では，量子力学の中身には立ち入らないで，その結果のみを天下り的に述べ，それを利用しながら議論を進めることにする．

なお後でもしばしば述べるように，物質の磁性は，電子によって生み出されるものである．

練習問題

1. 次について，簡単に説明せよ．
   (a) 電子の電荷　　(b) 電子のスピン
2. 電子 1 mol の質量はいくらか．
3. 1 分間に 1 mol，すなわち 6×10^{23} 個の電子が電極間を移動した．このとき流れた電流はいくらか．
4. 100 V の電圧をかけて加速された電子の速度はいくらか．(**ヒント**：問題のように加速された電子は 100 eV の運動エネルギーを持つ．206 ページでくわしく述べるように eV はエネルギーの単位で，1 eV = 1.60 $\times 10^{-19}$ J である)

4

原子のプロフィール

　化学において，物質の"究極の粒子"は原子である．すなわち化学では，物質の構成単位を**原子**とする．

　全ての物質は原子から組み立てられている．原子の種類は百くらいしかないが，これらが様々に組み合わされ，多様な物質の世界を作りあげる．

　本章では，原子について基本的な事柄を学ぶ．

4・1　原子のプロフィール

　原子の中では，プラス電荷を持った**原子核**の周囲をマイナス電荷を持った**電子**が回っている．原子核の半径は $10^{-15} \sim 10^{-14}$ m で，原子の半径は 10^{-10} m 程度である．すなわち，原子核と原子の大きさはおよそ1万〜10万倍も違う．言い換えると，原子の中の一番外側の電子は原子核から，原子核の半径の10万倍も遠い距離のところを運動していることになる．これは，東京ドームのピッチャープレートにピンポン球を置いて原子核としたとき，スタンドのあたりを電子が回っていることに相当する．

　原子の内部は，大部分が"何もない"空間なのである．

　さて**原子核**は，**陽子**と**中性子**とからできている．陽子はプラス電荷を持ち，陽子1つの電気量は電子1つのマイナスの電気量をちょうど打ち消す（これを，中和するという）だけの量である．つまり，陽子と電子の電荷は

絶対値が等しく，符号だけが異なるのである．なお**中性子**は電荷を持たない．

　陽子の質量は，電子の質量の1840倍である．また中性子の質量は，陽子の質量にほぼ等しい．

　さて原子全体として見ると，原子は陽子のプラスの電気量を中和するのに必要なだけの電子を持っている．すなわち，陽子の数と電子の数とは等しいことになる．

　原子の性質は原子核のプラス電荷つまり，原子核に含まれる陽子の数で決まる．すなわち，原子に含まれる電子の数によって決まるといえる．中性子は，原子の化学的性質にほとんど影響を与えない．

　原子核に含まれる陽子の数を**原子番号**という．また原子番号を使って，ある元素を言い表すのに"第何番元素"という呼び方もされる．

　ところが，原子核に含まれる陽子の数が同じで，中性子の数が異なるものは原子の質量が異なり，**同位体**と呼ばれるものになる．図 4·1 に示すように，ヘリウム He の同位体の1つ ^{4}He の原子核は2個の陽子と2個の中性子とからできていて，原子核の周りを2個の電子が回っている．

　^{4}He の "4" とは，陽子の数と中性子の数の和であり，**質量数**と呼ばれる．

　なお He の同位体には ^{3}He も知られており，2つの陽子と1つの中性子とから成る原子核の周りを，2つの電子が回っている．

図 4·1　^{4}He の構造．2個の陽子と2個の中性子とからなる原子核の周りを，2個の電子が回っている

同位体どうしは質量が異なるだけで，お互いの化学的性質はほとんど変わらない．同位体を区別しないで同じものと見なした同種の原子の集まりが**元素**である．元素は百種類くらいしかない．

4・2　原子の中の電子の運動

　前節で述べたように，原子の性質は原子核に含まれる陽子の数，すなわち原子に含まれる電子の数によって変化する．また原子の性質は，電子がどのように振る舞うかによっても決まってくる．原子核のプラス電荷の大きさが電子の数を決めるだけでなく，電子の運動の道すじ，すなわち**電子の軌道**をも決めるからである．

　　原子核のプラス電荷の大きさによって，電子と原子核との間に働く**静電引力**の大きさが変化するが，この力の大きさに応じて，電子の軌道が決まるのである．

　では，さっそく電子の軌道について考えてみよう．

　原子核と電子との関係は，太陽と地球，あるいは地球と人工衛星との関係に似ている．もちろん，そこに働く引力が，万有引力であるか静電引力であるかの違いはあるけれども．しかしそれだけでなく，この2つの世界の間にはもう1つ決定的な違いがある．

　人工衛星は，その速度を変えることで地球との距離をどのようにでも調節することができる．すなわち，どのような軌道でもとることができる．人工衛星が燃料を噴射し，軌道を修正，調節することをご存じの読者も多いことと思う．だが，原子の内部では様子が異なる．**原子核と電子との距離は任意ではなくなり，電子はある決められた軌道を運動することができるのみである．**

　このように，電子の運動がある決まった軌道上に限られるのは，以下のような事情による．すなわち15ページでも述べたように，原子や分子のよう

なミクロな世界では，粒子が**波**の性質をも持つようになる．原子中の電子は，自身が担う波が干渉し合い，そのとき位相が合致して，波を強め合うところにしか存在することができなくなる．つまり電子の運動は，ある軌道上にのみ限られることになる．

4・3 量子力学の考え方

前節の最後に述べたような，"**ミクロな世界では，粒子が波の性質をも持つようになる**"ということが明らかになり，数式として整理されたのは19世紀の終わりから20世紀の初めにかけてである．このような**量子力学**の発見が，化学の発展に与えた影響は計り知れない．

15ページでも触れたように，量子力学はニュートン力学とは異なる体系をなす．電子や原子・分子の振る舞いは**シュレーディンガーの波動方程式**と呼ばれる微分方程式によって記述される．

しかし，量子力学の理論を説明することは，本書の読者にとって必ずしも必要なこととは思われないので，以下でド・ブロイによる**物質波**の考え方だけを述べて先に進もう．次の説明も難しいと思われる読者は，ここを飛ばして23ページから読み進めてもらってもかまわない．

電子のような微小な粒子（質量 m）が速度 v で運動しているとする．このとき，その粒子は，以下で計算される波長 λ（"ラムダ"と読む）の波の性質を持つ．

$$\lambda = \frac{h}{mv}$$

ここで，h は**プランク定数**と呼ばれる定数である．この式からわかるように，大きな速度 v で運動する電子ほど，それが担っている波の波長 λ は短い．この関係を**図 4・2**に図示した．

図4・2 運動している電子が担っている波．速度が大きいほど，波長は短い

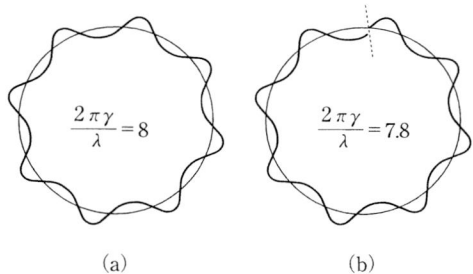

図4・3 原子内の電子の定常波．(b) のような場合には，電子波が干渉によって打ち消されてしまうので，このような軌道は存在しない

　さてもちろん，水素原子の原子核の周りを回っている電子も，その速度に応じた波を担っている．**図4・3**のように，電子の軌道に沿って波を当てはめてみると，軌道の円周 $2\pi r$（π は"パイ"と読む．また r は電子の軌道の半径とする）が，この波の波長の整数倍になっているときには，干渉で波が強め合う．すなわち

$$2\pi r = n\lambda = \frac{nh}{mv} \quad (n は正の整数．n = 1, 2, 3, \cdots)$$

が成り立っている．一方，電子と原子核の間に働く静電引力と，円軌道を運動している電子に働く遠心力とは釣り合っていなければならない（ここは，電磁気学とニュートン力学の考え方をそのまま使ってよい）．したがって，以下が成り立つ．

$$\frac{e^2}{4\pi\varepsilon_0 r^2} = \frac{mv^2}{r}$$

ここで e は電気素量，ε_0 は真空の誘電率である．上の2つの式から v を消去すると，以下が得られる．

$$r = \frac{\varepsilon_0 n^2 h^2}{\pi me^2}$$

こうして，円運動を行う電子の軌道半径 r は，整数 n で決まる飛び飛びの値をとらなければならないことが導き出される．すなわち前節で述べた"電子の運動は，ある軌道上にのみ限られる"ということが示されたことになる．

また，運動エネルギーと静電エネルギーとを加えた，電子のエネルギー E_n については

$$E_n = -\frac{me^4}{8\varepsilon_0^2 h^2}\frac{1}{n^2}$$

となり，これも飛び飛びの値しかとらないことが導き出された．

上では，議論が難解になることを避けるため説明を省略したが，究極的には，微小な粒子の挙動は，**波動関数**と呼ばれる関数 ψ（"プサイ"と読む）についての**シュレーディンガーの波動方程式**によって求められる．これは，以下のような形をした微分方程式である．

$$-\frac{h^2}{8\pi^2 m}\left(\frac{\partial^2 \psi}{\partial x^2} + \frac{\partial^2 \psi}{\partial y^2} + \frac{\partial^2 \psi}{\partial z^2}\right) = (E-V)\psi$$

これを解くことによって，原子・分子の中の電子の挙動が明らかにされる．

波動は sin, cos（それぞれを"サイン""コサイン"と読む）といった三角関数で表される．三角関数は2回微分を行うと，符号を変えて元の関数に戻るという特徴を持っている．シュレーディンガーの波動方程式は，その性質を備えている．

4・4　原子の中の電子の軌道

話を少し戻す.

　これまでにも暗にほのめかしてきたように，原子の中の電子の軌道は，**粗い近似**では**円軌道**と考えられる．このような近似では，電子の軌道はいくつかの同心円で表される．これらは内側から順に K 殻，L 殻，M 殻，N 殻，…と名付けられて，**電子殻**と総称されている．

　　ある原子を考えたとき，原子核に近い，内側の方に位置する電子殻を**内殻**，原子核から遠い，外側の電子殻を**外殻**と呼ぶ．外殻のうち，最も外側のものを特に，**最外殻**という．

　重要な点は，これら各軌道に収容される電子の"定員"が決まっていることである．K 殻には 2 個まで，L 殻には 8 個まで，M 殻には 18 個までの電子を詰めることができる．このとき電子は内側の，すなわち原子核に近い側の，エネルギーの低い軌道から順に詰まっていく．例えば，第 7 番元素の窒素の原子は 7 個の電子を持ち，K 殻に 2 個，L 殻に 5 個の電子が詰まっている．また第 11 番元素のナトリウムの原子は，11 個の電子を K 殻に 2 個，L 殻に 8 個，M 殻に 1 個，という具合に配分して持っている．上に述べた 2 つの原子の，電子の軌道と詰まり方の様子を**図 4・4**に示す．

　　図 4・4 のような"雷さま形"の電子の軌道は，高等学校のときに，教科書で目にしたことがある人もいるかもしれない．

　もう 1 つ重要なことは，それぞれの電子殻は，定員いっぱいの電子が詰め込まれたときに安定になるということである．このときの構造を**閉殻構造**という．定員以下で，電子が不足しているときは他から電子をもらい，一方，電子を余分に持っているときは他に電子を与えるなどして，いずれも閉殻構造をとろうとする．こうした振る舞いが，第 7 章で述べるイオン結合や共有結合を生じさせる原因となっている．

第4章 原子のプロフィール

図 4・4 窒素原子とナトリウム原子における電子の軌道と詰まり方
(a) 窒素原子
(b) ナトリウム原子

さて，大ざっぱな近似による話はこれくらいにして，次に，**もう少し精密**に電子の軌道について見ていくことにしよう．

22ページで述べたシュレーディンガーの波動方程式を解いてみると，原子中の電子の軌道には，"円軌道"（s 軌道）だけでなく"楕円軌道"（p 軌道）や，もっと複雑な形の軌道（d 軌道や f 軌道）があることが分かった．

ここで，はじめに述べた粗っぽい近似から得られた K 殻や L 殻といった考え方と，少し精密化して得られた s 軌道や p 軌道といった考え方とを結びつけておく．これは，次のようになる．すなわち K 殻には"円軌道"（s 軌道）だけしかなく，そこに2個の電子が収容されている．L 殻には，1つの"円軌道"（s 軌道）と3つの"楕円軌道"（p 軌道）があり，それぞれに2個ずつの電子が収容され，合計8個で定員が埋まり，閉殻構造をとる．M 殻には，1つの"円軌道"（s 軌道）と3つの"楕円軌道"（p 軌道）に加え，さらに5つの d 軌道が属し，各々に2個ずつの電子を収容，計18個で閉殻構造をとる．

4・4 原子の中の電子の軌道

	古典的イメージ での軌道	量子力学的イメージ での軌道 （存在確率の大きい場所）
s軌道		
p軌道		
d軌道		

図4・5 電子の軌道

さてここで，p軌道について，くわしく考察してみよう．

p軌道は"楕円軌道"であるが，これは図4・5に示すように，原子核を1つの焦点にした2つの楕円を1組にして，1つの軌道になったものである．ところが，楕円軌道というのはニュートン力学のイメージなので，これを量子力学のイメージに移し替えると，電子は2つの楕円球の重なり——図4・5や図4・6に示したような，あたかも2つの団子を串刺しにしたようなものになる．電子は，この串刺しにされた2つの団子の表面のあたりを運動しているのである．

p軌道の形は図4・6に示したものが正しいのだが，いくらか広がりすぎていて，結合などを書き加えて表すときに見にくいことがある．そこで図4・5のようにスマートに描くことも多い．

同様なことをs軌道について考えると，s軌道は，ニュートン力学のイメージでは円軌道であるが，量子力学のイメージでは球軌道になる．

シュレーディンガーの波動方程式を解いて得られる波動関数 ψ（すでに述べたように，この関数が電子や原子・分子の振る舞いを記述する）の特質の1

図4・6　p軌道

つとして，次のようなことがある．すなわち，ψ によって記述される電子などの軌道は，細い線で描いたようなシャープで明確なものではなく，ある広がりを持った，ぼんやりとしたものになるということである．このとき，電子がどのあたりを通過するのかということは確率によってのみ表される．図4・6 は原子の中で，電子が存在する確率の高い場所（電子は動き回っているから，"電子が通過する確率の高い場所"と言い換えてもよい）を表したものなのである．このように，電子の存在する場所が明確に定まらないにもかかわらず，電子のエネルギー（つまり，ポテンシャルエネルギーと運動エネルギーの和）は一定の，明確に定まった値になる．これは量子力学の世界の不思議の1つである．この不思議によって，宇宙のどこにいても（つまり，存在する場所が明確に定まらなくても），炭素原子は全く同じ炭素原子になる（つまり，エネルギーが明確に定まる）のである．

　繰り返しになるが，p軌道は図4・6に示したように，2つの団子を串刺しにしたような形をしている．

　さて実は，このようなp軌道は1つだけでなく，あと2つ，合計3つが存在する．互いの"串"がそれぞれ垂直に交わった p_x 軌道，p_y 軌道，p_z 軌道の3つである．ここで下添字の x，y，z は，それぞれの"串"が x 軸，y 軸，z 軸の方向を向いていることを示している．これら3つのp軌道は方向が異なるだけで全く等価であり，エネルギーも等しい．また，それぞれの

軌道は独立である．

一般に x, y, z の方向を向いて直交している軌道は，それぞれ独立である．

さらにもう1つ重要な点は，p軌道はs軌道よりも少しエネルギーが高いということである．電子の軌道を同心円の円軌道と考える，最初に述べた粗い近似では，K殻という同じ軌道，つまり同じエネルギーを持った軌道に8個の電子がひしめき合っているような描像を与える．しかし実際は，電子は少しずつ性質の違う4つの軌道，すなわちs軌道，p_x, p_y, p_z 軌道に2個ずつ分散されて収容されているのである．

これまでのことをまとめると，次のようになる．すなわち，L殻は1つのs軌道と，それぞれが独立で，互いに等価な3つのp軌道，合計4つの軌道からできていることが量子力学から導かれる．さらに，L殻に収容される8個の電子は，1つのs軌道と3つのp軌道，合計4つの軌道に2個ずつ収められている．

同じようにd軌道についての考察を進めよう．d軌道には同じエネルギーを持った，それぞれが独立な軌道が5つある．その軌道の量子力学的イメージは，図4・5のようなものである．このd軌道のそれぞれに，2個ずつの電子が収容される．

M殻は1個のs軌道，3個のp軌道，5個のd軌道からできており，この中に18個の電子が入ったときに閉殻構造となる．この場合も，s軌道よりp軌道の方が，さらにp軌道よりd軌道の方がエネルギーが高い．

なお，次に続くN殻にはs，p，d軌道の他にf軌道が7つあり，合計32個の電子を収容することができる．

以上の事柄を，量子力学の言葉を使って述べてみる．

シュレーディンガーの波動方程式を解くと，原子の中の電子の軌道は，**主量子数 n，方位量子数 l，磁気量子数 m，スピン量子数 s** という4つの**量子**

数で決まることが分かる．

これら n, l, m の量子数の組み合わせで表される電子の状態のことを**原子軌道**という．

主量子数 n は，原子核と電子の間のおおよその距離，したがって，おおよその**軌道のエネルギー**を決めている．これは

$$n = 1, 2, 3, \cdots$$

のように正の整数をとる．そして

$$n = 1 \text{ が K 殻}, \quad n = 2 \text{ が L 殻}, \quad n = 3 \text{ が M 殻}, \cdots$$

に，それぞれ対応している．

方位量子数 l は軌道の形を決めている．とり得る値は主量子数 n に依存し

$$l = 0, 1, 2, \cdots, n-1$$

である．

$n=1$ のときは，$l=0$ だけが許される．この **$l=0$ の軌道は s 軌道**である．また $n=2$ のときは，$l=0, 1$ が許される．**$l=1$ の軌道は p 軌道**である．以下，**$l=2$ が d 軌道，$l=3$ が f 軌道**となる．

磁気量子数 m は軌道の方向を決めている．方位量子数 l に依存して

$$m = -l, -l+1, \cdots, -1, 0, +1, \cdots, l-1, l$$

の値をとる．

$l=0$ の s 軌道には $m=0$ しか許されないが，$l=1$ の p 軌道には $m=-1, 0, +1$ の 3 つの値が許される．これは，すでに述べたような x, y, z 軸方向を向いた 3 つの軌道が存在することに対応する．$l=2$ の d 軌道には $m=-2, -1, 0, +1, +2$ の 5 つの軌道がある．

ところで主量子数 n と方位量子数 l との関係から，s 軌道（$l=0$）は K 殻（$n=1$），L 殻（$n=2$），M 殻（$n=3$），N 殻（$n=4$），… の全ての電子殻に存在することがわかる．そこで，これらの s 軌道を区別するために，それぞれの場合の主量子数 n を前につけて

$$1\text{ s 軌道}, \ 2\text{ s 軌道}, \ 3\text{ s 軌道}, \ 4\text{ s 軌道}, \cdots$$

などと表現することにする．同様にp軌道については2p軌道，3p軌道，4p軌道など，d軌道については3d軌道，4d軌道など，f軌道については4f軌道などと書く．

最後に，スピン量子数sである．

1s, 2s, $2p_x$, $2p_y$, $2p_z$, 3s, …などの軌道は，それぞれに2個ずつの電子を収容することができる．問題は"この2個の電子は全く同じ状態にあるか"ということである．答えは"ノー"であり，2つの電子はスピンの方向が異なるものでなければならない．このスピンの方向を指定するのが**スピン量子数** s である．

スピンについては，すでに14ページで解説した．

スピン量子数sは"電子の自転の方向を決めるもの"と言い換えることもできる．sは

$$s = +\frac{1}{2}, \ -\frac{1}{2}$$

の2つの値をとり，$+1/2$と$-1/2$の2つの電子が対になって安定化する．

スピン量子数までを考えると，電子は1つの量子状態（量子数の組で表される電子の状態のこと）に1個ずつしか入れないことになる．

練習問題

1. 次について，簡単に説明せよ．
    (a) 電子の軌道　(b) 閉殻構造　(c) s軌道　(d) p軌道
    (e) d軌道　(f) 量子数　(g) 主量子数　(h) 方位量子数
    (i) 磁気量子数　(j) スピン量子数
2. 電子と陽子とを質量，電荷の面から比較せよ．
3. 主量子数$n=1, 2, 3, 4$の電子の軌道には，それぞれ何個の電子が入り得るか．
4. p軌道，d軌道，f軌道は，それぞれ主量子数がいくつのときに存在す

るか．
5．水素原子の電子の軌道はいくつあるか．
6．K殻，L殻，M殻の電子の軌道半径について比較せよ．ただし絶対値ではなく，相対値で比べよ．
7．K殻，L殻，M殻の電子のエネルギーについて比較せよ．ただし絶対値ではなく，相対値で比べよ．
8．東京湾でコップ1杯(これは0.2Lに相当する)の水をとり，全ての水分子に印を付けて海に流すとする．世界中の海水(およそ1.4×10^9 km^{3}である)をかき混ぜた後で(いったい，何億年かかるのか分からないが！)，再び0.2Lの水をコップにとったとき，印の付いている水分子は含まれているだろうか．

5

元素の周期律

　前章で，原子中の電子の軌道について学んだ．本章では，この軌道にどのような順序で電子が詰まっていくのかを学び，電子の詰まり方と，周期的に変わる元素の性質（これを，元素の周期律と呼ぶ）について考えることにする．

5・1　原子の中の電子配置

　前章で述べたように，原子は量子数によって決められる様々な電子の軌道を持っている．電子の軌道を，エネルギーの小さい順に下から並べて描くと**図5・1**のようになる．正方形の枠として表された1つの軌道に，2個ずつの電子が下から順に詰まっていく．

　ここで，前に述べたことを少し修正しておかなければならない．23ページでは"K殻，L殻，M殻，N殻の順に電子が詰まっていく"と書いたのだが，実際には3d軌道のエネルギーより4s軌道のエネルギーの方が低く，N殻の4s軌道へ，M殻の3d軌道よりも先に電子が詰まっていくのである．

　電子の詰まり方については，もう1つの注意が必要である．

　それは，同じエネルギーの軌道がいくつかある場合には，最初は1つの軌道ごとに1つずつの電子が順に詰まっていき，エネルギーの等しい，空の軌

図5·1　原子の中の電子軌道のエネルギー

道がなくなった後で，もう1つずつの電子がそれぞれの軌道に詰まっていくということである．

　化学では，互いに反対向きのスピンを持った2つの電子が対になって安定化する現象がよく見られる．7·3節で学ぶ共有結合もその一例である．つまり電子は，なるべく反対向きのスピンを持ったものどうしが対になり，軌道に収まろうとする．しかし

同じエネルギーの軌道がいくつかある場合には，最初は1つの軌道ごとに1つずつ，それも互いにスピンの方向をそろえて電子が詰まっていき，全ての軌道に1つずつの電子が詰まった後に，2つ目の電子が，1つ目の電子とスピンの向きを反対にして詰まっていく

のである．これは量子力学から得られる結論であり，**フント則**と呼ばれる．

　以上のことを心に留め，原子の中で，電子が軌道へとどのように詰まっていくかを，炭素原子，ナトリウム原子，鉄原子の場合について見ていくことにしよう．

5・1 原子の中の電子配置

以下，本書では特に断らない限り，**基底状態**の原子の電子配置を考えることにする．基底状態とは，とり得る状態のうち，最もエネルギーの低い状態のことである．基底状態よりもエネルギーの高い状態を**励起状態**と呼ぶ．これについては，あらためて50ページで述べる．

（1） 炭素原子の場合

初めに，炭素原子の場合について**図 5・2**を見ながら説明しよう．炭素は第6番元素であるから，6個の電子を持つ．

まずエネルギーの低い方から順に，1s軌道と2s軌道に電子は2個ずつ入っていく．すると，2個の電子が残る．次に，この2個の電子を2p軌道に入れるのだけれど，2p軌道は3つある．ここで，フント則が適用される．すなわち，異なった2つの2p軌道に1個ずつの電子が，スピンの方向をそろえて入るのである．このとき，もちろん1つの2p軌道は空になる．このような電子配置を，以下のように書き表す

$$(1s)^2 \ (2s)^2 \ (2p)^2$$

炭素原子

図 5・2　炭素原子の電子配置

丸カッコの中に軌道の名前が，その上付き数字として，その軌道に収まっている電子数が示されている．また内殻の電子配置

$$(1\mathrm{s})^2$$

をヘリウム He の電子配置の意味で

$$(\mathrm{He})$$

と略し，全体を

$$(\mathrm{He})\ (2\mathrm{s})^2\ (2\mathrm{p})^2$$

と書くこともある．

(2) ナトリウム原子の場合

次に，図 5・3 を説明しよう．これはナトリウム原子の場合を表している．

ナトリウムは第 11 番元素であるから，11 個の電子を持つ．内殻の電子配置は $(1\mathrm{s})^2\ (2\mathrm{s})^2\ (2\mathrm{p})^6$ で，残る 1 つの電子が外殻の 3s 軌道に入る．したがって全体の電子配置は

$$(1\mathrm{s})^2\ (2\mathrm{s})^2\ (2\mathrm{p})^6\ (3\mathrm{s})^1$$

と表される．あるいは，内殻の電子配置をネオン Ne の電子配置の意味で

ナトリウム原子

図 5・3　ナトリウム原子の電子配置

(Ne) と略し，全体を

$$(\text{Ne})\,(3\text{s})^1$$

と表現することもできる．

(3) 鉄原子の場合

図 5・4 の鉄原子の場合を考えよう．第 26 番元素の鉄は，26 個の電子を持つ．

図に示すように，まず 10 個の電子が K 殻と L 殻とを完全に埋める．残りの電子は 16 個である．続いてエネルギーの低い方から，8 個の電子が M 殻の中を $(3\text{s})^2\,(3\text{p})^6$ のように埋めていく．

さて，次が問題である．実は 3d 軌道より 4s 軌道の方がエネルギーが低いのである．したがって，2 個の電子が 4s 軌道へ先に詰まり，残りの 6 個の電子が 3d 軌道に入ることになる．3d 軌道は 5 つあるが，まず，それぞれに 1 個ずつの電子が入り，残った 1 つの電子は，5 つの 3d 軌道のうちの 1 つに，スピンを逆にして，先に入っていたもう 1 つの電子と対になって収まる．これより，全体の電子配置は以下のようになる．

図 5・4　鉄原子の電子配置

$$(1s)^2\,(2s)^2\,(2p)^6\,(3s)^2\,(3p)^6\,(4s)^2\,(3d)^6$$

あるいは，アルゴン Ar の電子配置を（Ar）と表して

$$(\mathrm{Ar})\,(4s)^2\,(3d)^6$$

と書くこともできる．

3d 軌道と 4s 軌道の間のエネルギーの大小関係は微妙である．このため，電子の詰まっていく順序に例外的なことが起こる．第 24 番元素のクロム Cr，第 29 番元素の銅 Cu では 3d，4s の両軌道のエネルギーはほとんど等しく，また 4s 軌道に入っている電子は 1 個である．

同様の関係は，5s 軌道と 4d 軌道との間ではもっと顕著で，電子の詰まり方が不規則になる．さらに f 軌道が絡んでくると，一層複雑になる．このため，後に述べる遷移元素について電子配置を考える場合には，それぞれの元素について 1 つ 1 つ，適当な表を見て確かめる必要がある．

原子の中の電子配置を，表紙見返しの周期表中にあわせて示した．

5・2　電子配置と原子の性質

元素の**周期表**は，元素を**原子量**の順に並べていくと，似た性質を持った元素が周期的に繰り返して現れる（これを，元素の**周期律**という）という実験事実をまとめて作られたものである（元素の周期律は後に，量子力学によって，はっきりとした根拠を持つことになった）．

原子量とは，質量数 12 の炭素原子 ^{12}C の質量を 12 とし，これを基準として他の元素の原子の質量を相対的に表した数値である．なお**分子量**とは，分子を構成している原子の原子量の総和である．

5・2・1　なぜ周期律が現れるのか

さて原子の性質は，電子がどのように振る舞うかによって決まる．原子はたくさんの電子を持っているが，内殻にある電子はエネルギーが低く，原子

の性質にはあまり関係しない．原子の性質を決めるのは外殻の電子，特に**最外殻の電子**の振る舞いである．

　　最外殻の電子のことを**価電子**と呼ぶことがある．

　最外殻の電子の振る舞いは，その電子が，原子核にどれくらい強く引きつけられているかで決まる．例えば，弱い力でしか引きつけられていない電子は簡単に取り去られてしまう．すなわち，こうした電子を持つ原子は，電子を失いやすいのだから"**陽イオン**になりやすい"ということであるし，一方，強い力で引きつけられている電子は取り去ることが難しく，こうした電子を持つ原子は，かえって他から電子をもらって"**陰イオン**になりやすい"ということになる．

　　上の説明からわかるように，陽イオンはプラスの電気を，陰イオンはマイナスの電気を帯びている．イオンのプラスまたはマイナスの電気の大きさは，元素記号の右上に示すことになっている．
　　また上で述べたように，電子が原子核にどれくらい強く引きつけられているかを表すために**イオン化エネルギー**の値が用いられる．これは原子から1個の電子を取り去るのに必要なエネルギーである．

　それでは，さらにさかのぼって，最外殻の電子を引きつけている力の正体が何であるかを考えよう．それはすでに述べたように，原子核のプラス電荷との間に働く静電引力である．ただし原子核のプラス電荷は，内殻の電子のマイナス電荷によって**遮蔽**されるので，実際に最外殻の電子を引きつける原子核の**有効プラス電荷**は，図5・5に示したように，原子核のプラス電荷から内殻の電子のマイナス電荷を差し引いたものになる．

　以上をまとめると，最外殻の電子を引きつけているのは原子核の有効プラス電荷であり，この有効プラス電荷が小さいと，電子は弱くしか原子核に引きつけられず，そのため，電子は原子から取り去られやすい．すなわち，こうした原子は陽イオンになりやすい．一方，有効プラス電荷が大きいと，最外殻の電子は原子核に強く引きつけられ，原子は電子を放出するどころか，

図5·5 外殻電子にかかる静電引力

かえって取り込むようになる．すなわち陰イオンになりやすい原子ということになる．

このように原子の性質を決定づける最外殻の電子の数（すなわち，原子核の有効プラス電荷）が，原子内の軌道に電子を順に詰めていくとき，繰り返しとなることは容易にわかるであろう．このため，元素を原子量の順に並べていくと，似た性質を持った元素が周期的に繰り返し現れる，つまり元素の**周期律**が見られるのである．

この周期律を表現したのが元素の**周期表**である．周期表は，化学を学ぶときに最も基本となるものであるから，絶えず手元に置いて（本書をはじめ，たいていの本では見返しに載っている），考えを進めるときには，常に参考にしなければならない．

5·2·2 周期表の族

見返しの周期表を見てほしい．このように周期表上で，元素は縦の列を1つのまとまりとして18の**族**に分類される．

第1族と第2族，および第12族から第18族の元素は，原子番号が増すにつれ，外殻のs軌道またはp軌道に順に電子が詰まっていく．これらの元素は**典型元素**と呼ばれる．

一方，第3族から第11族は，d軌道に電子が詰まっていくことに対応している．これらの元素は**遷移元素**と呼ばれる．遷移元素は全て，金属元素で

5・2 電子配置と原子の性質

ある.

　上のような理由から，遷移元素のことを**遷移金属**と呼ぶこともある．また，典型元素に属する金属元素を**典型金属**と呼ぶこともある．

さて，第1族元素（すなわち水素 H と，リチウム Li，ナトリウム Na，カリウム K，ルビジウム Rb，セシウム Cs）では，最外殻の電子を引きつける原子核の有効プラス電荷は ＋1 なので，引力は弱い．このため最外殻電子を失って，陽イオンになりやすい．また，このように1個の電子を失うと，原子は安定な閉殻構造になる．

　水素を除いた第1族元素，すなわち Li，Na，K，Rb，Cs のことを**アルカリ金属**と総称する．

第2族元素のベリリウム Be，マグネシウム Mg，カルシウム Ca，ストロンチウム Sr，バリウム Ba，ラジウム Ra は，**アルカリ土類金属**と総称される．これらの元素では，原子核の有効プラス電荷は ＋2 で，左隣の第1族元素よりも最外殻電子を引きつける力が強く，したがって陽イオンになりにくい．これらの元素がイオンになる場合は，2個の電子を放出して2価の陽イオンになる．

　このように，金属が陽イオンになる傾向のことを**イオン化傾向**という．陽イオンになりやすいことを"**イオン化傾向が大きい**"，陽イオンになりにくいことを"**イオン化傾向が小さい**"という．

また，第17族元素のフッ素 F，塩素 Cl，臭素 Br，ヨウ素 I は，まとめて**ハロゲン**と呼ばれる．ハロゲンでは第1族元素と反対に，最外殻電子は ＋7 の原子核の有効プラス電荷によって強く引きつけられている．最外殻に電子を1個取り込むと閉殻構造の**ハロゲン化物イオン**になる．

　Cl^- は"塩化物イオン"と呼ぶ．これを"塩素イオン"といってはならない．塩素イオンは Cl^+ を意味する．

第18族元素のヘリウム He，ネオン Ne，アルゴン Ar，クリプトン Kr，キセノン Xe，ラドン Rn は，**希ガス**または不活性ガスと呼ばれる．

5・2・3　周期表の周期

　周期表の縦の列を族と呼ぶことは前項に述べた．同じように横の段を**周期**と呼ぶ．すなわち，元素は7つの周期に分類される．

　さてここで，周期表を下にたどると，すなわち周期にしたがって，元素の性質がどのように変化していくかを見てみよう．

　同じ族の元素では，最外殻の電子を引きつける原子核の有効プラス電荷の大きさは同じである．しかし周期表の位置が下にいくにつれ，プラス電荷（すなわち，原子核）と最外殻電子（マイナス電荷）との距離が大きくなる．静電引力の大きさは距離の2乗に反比例するので，周期表の位置が下である元素ほど，電子に働く引力が小さくなる．したがって電子を失って陽イオンになりやすく，いいかえると，イオン化傾向が大きいということになる．例えばアルカリ金属では，イオン化傾向の大きさは

$$Cs > Rb > K > Na > Li$$

の順である．

　またハロゲンでは，周期表で上にある元素ほど電子を取り込みやすく，陰イオンになりやすい．このような陰イオンの安定性は

$$F^- > Cl^- > Br^- > I^-$$

の順である．

　このように考えてくると，"ある元素の性質（ここでは，イオン化傾向のこと）は，周期表で斜め右下に位置する元素の性質と似ている"という事実も理解することができる．周期表を右にたどると原子核が電子を引きつける力が強くなり，下にいくとこの力が弱くなって，結局2つの効果が打ち消し合うからである．LiとMgの性質が似ていることは，よく知られた事実である．この様子を図5・6にまとめた．

　イオン化傾向に代表される元素の特性は，**電気陰性度**によって数値化される．電気陰性度は，原子が電子を引きつける力の大小を表しており，電気陰

5・2 電子配置と原子の性質

```
        外殻電子を
        引きつける力
        が強くなる
  Li ─────────────→ Be
     ╲                │ 外殻電子を引きつける
  外殻電子を          │ 力が弱くなる
  引きつける力        ↓
  が同程度        Mg
```

図5・6　LiとMg

図5・7　種々の元素の電気陰性度

性度が大きい原子ほど電子を取り込んで陰イオンになりやすく，電気陰性度の小さい原子ほど電子を失って陽イオンになりやすい（すなわち，イオン化傾向が大きい）．電気陰性度の大きさは図5・7に見られるように，周期表にしたがって周期的に上下する．

第14族元素である炭素C，ケイ素Si，ゲルマニウムGeは，最外殻にあるs，p軌道に入る電子の定員の合計のうち，ちょうど半分が埋まった状態にある．したがって周期表上で，陽イオンにも陰イオンにもなりにくい場所

に位置する．炭素が共有結合を作る原因となる．周期表の下の方にいくと，第14族元素もスズSnや鉛Pbのように電子を失いやすくなり，金属の性質を示すようになってくる．

　第3族から第11族までは遷移元素である．第4周期の遷移元素について考えてみよう．第21番元素スカンジウムScから第29番元素銅Cuまでは，3d軌道に電子が詰まっていく過程である（ただし36ページで述べたように，3d軌道と4s軌道のエネルギー差が小さいため，ところどころで電子の詰まり方が不規則になる）．同じ周期の遷移元素の間では，最外殻電子に働く原子核からの静電引力にあまり違いがないので，遷移元素の間の性質の違いは典型元素におけるよりも小さくなる．特に，f軌道に電子が詰まっていく過程に対応する**ランタノイド**（第57番から第71番元素）の性質は，互いによく似ている．

　第89番から第103番元素までは**アクチノイド**と呼ばれる．

――――――――――――――――――――

なぜ元素は百種類しかないのか？－原子核と電子の距離－

　読者にもなじみの深い，図4・4や**図5・8**のような"雷さま形"の電子の軌道を見ていると，水素原子の1s軌道に比べてナトリウム原子の3s軌道な

図5・8　"雷さま形"の電子軌道

5・2 電子配置と原子の性質

表5・1 希ガスの原子半径. 表中の単位 pm は "ピコメートル" と読む. $1\,\mathrm{pm} = 10^{-12}\,\mathrm{m}$ である

元素名	原子半径 (pm)
ヘリウム He	140
ネオン Ne	156
アルゴン Ar	188
クリプトン Kr	202
キセノン Xe	216

どは，原子核から非常に離れたところにあるように思える．これは本当であろうか．

たしかに同じ族の元素の間で比べれば，原子番号の大きい元素ほど原子半径が大きい．しかし，その大きくなり方は思ったほどではない．希ガスの場合を例に見てみよう．それぞれの原子半径は，**表5・1**に示すようになっていて，原子半径の増加は極端というほどではない．

原子半径には，きちんとした定義があるが，本書の範囲では文字通り"原子の大きさの目安"とだけ憶えておけばよい．

原子半径は一番外側の電子の軌道半径によって決まる．したがって以上のことは，最外殻電子の軌道半径は原子番号が大きくなっても，それほど大きくなることはない，といいかえることができる．では，最外殻電子の軌道半径の増大の代わりに何が起こっているのか．実は，内殻電子の軌道半径が急激に小さくなっているのである．特に 1s 軌道は，原子番号が大きくなるにつれてどんどん縮む．原子核の持つプラス電荷が増加することの影響をまともに受けるからである．**図5・9**を見てほしい．K，L，M 殻のイメージは (a) ではなく，(b) のようになるであろう．

ところで，原子番号の大きな原子の内殻電子は，原子核に強く引きつけられている．原子核のもつプラス電荷は大きく，また上で述べたように，原子核と電子との距離が小さくなっているからである．この，原子核との間に働

第5章　元素の周期律

(a)　　　　　　　　(b)

図5·9　軌道半径の変化

く引力に対抗し，原子核にくっついてしまわないようにするためには，電子に大きな遠心力が働くことが必要である．つまり，原子番号の大きな原子の内殻電子は，大変な速度で運動しなければならない．ところが，物体の速度は光の速度より大きくなることはできない．元素の種類が百程度に限られる原因の1つは，このように，原子番号の大きな原子の内殻電子の運動の速度が大きくなりすぎてしまうことにある．

また電子の運動する速度が大きくなると，20ページで述べたように，電子の持つ波長が短くなる．これは電子の軌道の円周が小さくなることと対応している．

練習問題

1. 次について，簡単に説明せよ．
   (a) 周期表　　(b) 典型元素　　(c) 遷移元素　　(d) フント則
2. 次の原子について，基底状態の電子配置を示せ．
   (a) リチウム Li　　(b) 酸素 O　　(c) チタン Ti
   (d) コバルト Co　　(e) ケイ素 Si
3. 次のイオンの電子配置を書け．
   (a) Li^+　　(b) O^{2-}　　(c) Ti^{4+}　　(d) Co^{2+}　　(e) Co^{3+}
4. 第4周期の遷移元素 Sc, Ti, V, Cr, Mn, Fe, Co, Ni, Cu の基底

状態の原子の 4s 軌道, 3d 軌道には, それぞれ何個の電子が収容されているか. 第 5 周期の遷移元素 Y, Zr, Nb, Mo, Tc, Ru, Rh, Pd, Ag の基底状態の原子の 5s 軌道, 4d 軌道についてはどうか.

5. 次の各組の原子を, 原子半径の大きい順に並べよ.

  (a) Li, Be, B, C, N, O   (b) Li, Na, K   (c) C, Si, Ge

6. 次の各組の原子を, 電気陰性度の大きい順に並べよ.

  (a) Li, Be, B, C, N, O, F

  (b) Na, Mg, Al, Si, P, S, Cl

  (c) Li, Na, K

  (d) F, Cl, Br, I

7. 陽イオン Na^+ の半径は, Na の原子半径に比べて大きいか, 小さいか. また陰イオン Cl^- の半径は, Cl の原子半径に比べて大きいか, 小さいか. さらに陽イオン K^+ の半径は, 陰イオン Cl^- の半径に比べて大きいか, 小さいか.

6

原子の機能性

　原子というミクロなレベルでは，どのような機能が生まれるであろうか．
　電子は，真空中に1つだけあるときには自由に，どのようにも振る舞うことができる．しかし原子核によって捉えられ，原子の中に入ってしまうと自由度を失い，ある軌道上だけしか運動することができなくなる．しかしこれは逆に見ると，電子に構造性が備わってきたということであり，機能性が発現するようになったということである．

6・1　原子の力学的特性

　力学的な性質は，物質のマクロな性質である．したがって，原子1個というミクロなレベルでは，力学的な特性は現れてこない．力学的特性は，原子・分子の集合体というマクロなレベルにおいて初めて，発現されるものである．

6・2　原子の熱的特性

　熱というものは，原子・分子の世界では，その原子・分子の運動のことである．例えば，ヘリウム He やネオン Ne などの気体原子において "温度 T が高い" というのは，原子が運動する（実際のイメージとしては "空間

6・2 原子の熱的特性

を飛び回る"といってもよい）速度が大きいということである．

このときの気体原子の平均速度を v，質量を m とすると，この原子1個当たりの平均運動エネルギーは $(1/2)mv^2$ と書くことができる．したがって1 mol 当たりでは，これをアボガドロ定数倍，すなわち N 倍して，$(1/2)Nmv^2$ となる．一方，絶対温度 T である気体原子1 mol 当たりの平均運動エネルギーは $(3/2)RT$ で与えられることが知られている．ここで R は気体定数と呼ばれる．以上より

$$\frac{1}{2}Nmv^2 = \frac{3}{2}RT$$

が成り立つ．

> 本章の説明では，原子だけを扱っている．分子の場合は，分子の振動や回転などといった運動として，内部にエネルギーを蓄えることができる（これについては第8章と第15章で述べる）．そのため平均運動エネルギーを，上のような単純な形で書くことができなくなる．

上の式から分かるように，気体原子の平均速度 v は絶対温度 T の平方根に比例する．また同様に，v は m の平方根に反比例する．この式は全ての気体原子について成り立つから，同じ温度で比べると，ヘリウムのような軽い原子は，ネオンのような重い原子よりも大きな速度で運動していることになる．

> ここでは立ち入らないが，"**一定量の気体の体積は圧力に反比例し，絶対温度に比例する**"という**ボイル・シャルルの法則**は，このような気体原子の運動についての考察から導き出すことができる．

さて，気体原子による熱伝導は，エネルギーの大きな高速の気体原子が離れたところまで飛んで行き，その運動エネルギーを他の原子に引き渡すという現象である．したがって，大きな速度で運動している軽い気体原子は，速度の小さな重い気体原子よりも**熱伝導率**が高いことになる．それゆえヘリウムは，気体の中で最も熱伝導性に優れたものの1つである．

ヘリウムと並び,水素分子も熱伝導性に最も優れた気体の1つである.ただし単原子分子であるヘリウムと異なり,水素は二原子分子であることに注意する.なお文字通り,**単原子分子**とは1つの原子からなる分子,**二原子分子**とは2つの原子からなる分子のことである.同様に,**多原子分子**という言葉もある.

6・3　原子の電気的特性

"遊離の電子が動く"ということが"電流が流れる"ということであった(14ページ参照).それでは"原子が動く"ということが,電気を伝えたということになるであろうか.

答えはノーである.

なぜなら原子では,マイナスの電荷を持った電子とプラスの電荷を持った原子核とが,お互いの電荷をちょうど打ち消し合い,原子全体としては電荷を持たない状態になっているからである.したがって原子,つまり電子と原子核とが一緒に動いても,電流が流れたことにはならない.

しかし原子が電子を失ったり,電子を取り込んだりして陽イオン(例えばナトリウムイオン Na^+)や陰イオン(塩化物イオン Cl^-)になると,その運動は"電気を運ぶ"ということになる.

6・4　原子の磁気的特性

14ページで述べたように,遊離の電子は強い磁石であった.では原子になると,どうであろうか.

原子はたくさんの電子を持っているので,さぞ強い磁性を持つであろうと思われるかも知れない.しかし,普通の原子は全く磁性を持たなかったり,あるいは小さな磁性しか持っていない.

これは電子が原子の中に収容されるとき、スピンが反対の電子が対になって、互いの磁性を打ち消すからである。ヘリウム原子やネオン原子では、全ての電子が2個ずつ対になっていて、電子の磁性は完全に打ち消されている。ナトリウム原子では11個の電子のうち、10個までが対になっていて、1個だけが"相手のいない"状態になっている。このためナトリウム原子は、電子1個分だけの磁性を示す。

このように、1個ずつ独立していたときには、電子は強い磁性を持っていたのに、原子の中に取り込まれると、ほとんどの磁性が打ち消されてしまう。さらに、原子が持っている"相手のいない"電子（このような電子を**不対電子**と呼ぶ）はエネルギーが高く不安定であり、他と結合を作って対になってしまう（第7章参照）。このようにして、我々が日常接する物質は磁性を示さなくなっている。もっとも、全ての物質が強い磁性を持っていたとしたら、何もかもが磁石に引きつけられ、動きがとれないであろう。自然の仕組みはうまくできている。

さて、以上述べたように普通の原子は磁性を持たないのに、強い磁性を持つ例外的な原子が存在する。それは遷移元素である。第5章で述べたように、遷移元素はd軌道に、安定ないくつかの不対電子を持っており、しかもそのスピンの方向が揃っているので強い磁性を持つ。鉄やコバルトが強い磁石になることは、日常経験するところである。

同じようなことは、d軌道についてだけでなく、f軌道についても起こる。7個あるf軌道（スピンの別を考えると14個のf軌道）に電子が詰まっていく過程がランタノイドとして現れるが、近年、これらの元素も磁性材料として利用されるようになった。小さな体積でも強い磁性が得られるので、集積回路になくてはならないものとなっている。ランタノイドの中ではネオジム Nd の合金が強力な磁性材料になる。

ランタノイドにスカンジウム Sc、イットリウム Y の2元素を加え、**希土類**

元素と総称する．

6・5　原子の光学的特性

遊離の電子には，目立った**光機能性**がない．ところが，原子の中に入った電子はすばらしい光機能性を発揮する．"原子の中に入る"ということは，電子が自由度を失って，量子力学が支配する（すなわち，波の性質が支配する），"厳しい制約"を受けるようになるということである．しかし，この"厳しい制約"が，逆に見事な光機能性を生み出すことになる．

最も基本的な光機能性である**光の吸収と放出**，さらには**物質の色**が，この"制約"から生まれてくる．赤色に輝くネオンサインをご存じの方も多いであろう．まずはこれを例にとって，光の放出のメカニズムに迫ってみる．

6・5・1　光の放出

図 6・1 に示したように，ネオンサインの構造は簡単で，ネオンガスを詰めたガラス管の両端に電極が付いているだけである．この電極の間に電圧をかけて加速した，エネルギーの高い電子を飛ばす．すると，この電子はネオン原子に衝突してネオン原子にエネルギーを与え，その原子中の電子を，エネルギーの低い内側の軌道からエネルギーの高い外側の軌道へとたたき上げる．このようにしてできた状態を，**励起状態**と呼ぶ．

図 6・1　ネオンサインの構造

6・5 原子の光学的特性

上で述べたような，エネルギーの高い軌道へ電子がたたき上げられる現象を**電子励起**と呼ぶ．より一般的には，エネルギーの高い状態になることを指して**励起**と呼ぶ．

また同じように，電子励起によって生じた励起状態を，特に電子的励起状態と呼ぶ．

励起状態では，エネルギーの高い外側の軌道に電子があり，エネルギーの低い内側の軌道の電子が失われているので，やがて外側の軌道の電子が内側の軌道に落ちてくる．このとき，外側の軌道と内側の軌道のエネルギー差 ΔE に相当するエネルギーを光として放出する．すなわち，**光の放出**が起こる．光のエネルギー ε（"イプシロン"と読む）は，振動数を ν（"ニュー"と読む），プランク定数を h とすると一般に $\varepsilon = h\nu$ で与えられるので，いまの場合

$$\Delta E = h\nu$$

で計算される振動数 ν の光が放出される．前にも述べたように，原子の中の電子の軌道のエネルギーは少しのばらつきもなく，宇宙全体どこでも同じである．したがって，全てのネオン原子は，宇宙のどこにおいても，同じ色で光ることになる．

振動数 ν と波長 λ の間には，c を光の速さとして，$\lambda = c/\nu$ の関係がある．

なお，光の吸収の場合は，上で述べたのとほぼ逆の過程をたどるものと考えてよい．これまでに述べたような，光の吸収と放出，軌道の間を電子が移動する様子を**図 6・2**に示す．

量子力学の法則によって，内側と外側の"中間の軌道"の存在は許されない．したがって，軌道間の電子の移動は瞬時に起こり，光を放出することになる．

以上では，ネオン原子を例に説明したが，ナトリウム原子でも同じことである．高速道路のトンネル内の照明でおなじみのナトリウムランプでは，励起されたナトリウム原子が黄色に光っている．面白いことに，ナトリウムラ

図6・2 光の吸収と放出，軌道の間を電子が移動する様子．ナトリウム原子の場合

ンプの色はナトリウムの**炎色反応**の色と同じである．炎色反応でも，ナトリウムランプの中で起こるのと同じように，外側の軌道から内側の軌道へと電子が移動するときに光が放出されているのである．また，野球場でおなじみの水銀灯は，水銀原子から放出される光を利用している．

炎色反応の色の違いや，ランプの色の違いから分かるように，**原子はそれぞれに特有の色の光を放出する**．これは原子がそれぞれに，エネルギーの異なる電子の軌道を持っているからである．

6・5・2 光の吸収と物質の色

すでに述べたように，光の放出と逆の過程が**光の吸収**で，これが**物質の色**を生み出す原因となっている．

これについても同様に，本章で説明してもよいのであるが，やはり第8章のテーマである"結合"に関連して後述することにする（98ページ参照）．物質の色は，結合によって一層多彩な広がりを見せるからである．

練習問題

1. 次について，簡単に説明せよ．
   (a) 原子の温度　　(b) 原子による熱伝導　　(c) 不対電子
   (d) 原子からの光の放出　　(e) ナトリウムランプ

2. 以下の気体を，熱伝導率の大きい順に並べよ．
   水素 H_2，酸素 O_2，オゾン O_3，窒素 N_2，二酸化炭素 CO_2，アルゴン Ar，ネオン Ne

3. 次の原子において，磁性に関与する電子，すなわち不対電子の数はそれぞれいくらか．
   (a) 鉄 Fe　　(b) Fe^{2+}　　(c) Fe^{3+}　　(d) チタン Ti
   (e) Ti^{4+}　　(f) 白金 Pt　　(g) ネオジム Nd
   (h) サマリウム Sm

4. ネオンサインなどとしてよく知られるように，希ガスを管に詰めて放電すると，きれいな色を発して光る．このとき，希ガスの種類によって色が異なるのはなぜか．

7 結合のいろいろ

　分子というものがない，原子だけしか存在しない世界を想像してみよう．元素は百種類くらいしかないので，原子の数もその程度で，結局，物質の種類は百くらいに限られてしまう．これは単調で，貧しい世界である．複雑な生命など創造される余地がない．

　まさに原子が結合を作ることによって無数の，多様な化合物が作り出されているのである．また同時に，結合の切断と再生によって，原子が離合集散を繰り返し，これが生き生きとした多様な物質世界，生物世界を作り出しているのである．

　本章では**イオン結合**，**共有結合**，**金属結合**などと呼ばれる**結合**について学ぶ．

7・1　結合というもの

　われわれのこの世界が，無数で多様な化合物に恵まれているのは，原子どうしの**結合**が存在するからである．原子間の結合がなければ，この世に存在する物質は元素の数程度，せいぜい百種類程度に限られてしまう．生命の存在さえも，結合があればこそのものといえるのである．

　結合が作り出す物質や機能については第 8 章で述べることにし，ここでは，その基礎となる結合そのものについて，その種類やメカニズムを考える

本書では単に**結合**と呼ぶことにするが，一般には**化学結合**という呼び方もされる．

本章では**イオン結合，共有結合，金属結合**などについて学び，**水素結合**については103ページで述べることにする．

大別すると，結合はイオン結合と共有結合とに分けることができる．金属結合は共有結合の一種と考えてよい．また**配位結合**も同様に，共有結合の一種と考えてよい．後にくわしく述べるが，イオン結合と共有結合の大きな違いの1つは，結合に関する方向性の有無である．**イオン結合には方向性がなく，共有結合には方向性がある**．またイオン結合からなる分子と，共有結合からなる分子とには，次のような違いがある．すなわちイオン結合は水の中で切れる．したがってイオン結合で作られた分子は，水中でイオンに解離してしまう．一方，共有結合で作られた分子は気体，液体，固体，溶液など，状態が変わっても結合が切れることがなく，したがって分子の構造が変わらない（もちろん，反応が起こる場合は別であるが）．

7・2　イオン結合のプロフィール

イオン結合は，陽イオンと陰イオンの間に働く静電引力によってできる結合である．

陽イオンの代表的なものはナトリウム，鉄などの金属イオンである．ナトリウム Na は常に1価の陽イオン Na^+ になるが，鉄 Fe は2価の陽イオン Fe^{2+} になる場合と，3価の陽イオン Fe^{3+} になる場合がある．一方，**陰イオン**の代表的なものは塩化物イオン Cl^- などのハロゲン化物イオン，硫酸イオン SO_4^{2-}，硝酸イオン NO_3^- などである．

39ページでも述べたように，Cl^- を"塩素イオン"と呼ぶのは間違いである．塩素イオンは Cl^+ を意味する．

第7章　結合のいろいろ

図7・1　塩化ナトリウムの構造

　イオン結合の実際の例を見てみよう．我々が日常よく目にする食塩，すなわち塩化ナトリウム NaCl の結晶は，**図7・1** に示すように，規則的に配列した Na^+ と Cl^- とから構成されている．このように交互に，ほとんど無限に繋がった Na^+ と Cl^- とが，静電引力によって結びつけられ結晶を形作っている．これが高温に加熱され，気体となった塩化ナトリウムは，Na^+ と Cl^- とがイオン結合で結びつけられた NaCl 分子である．

　なおイオン結合の大きな特徴は，次に述べる共有結合と違って，**結合に方向性がない**ことである．

7・3　共有結合のプロフィール

　2つの原子がそれぞれ1個ずつの電子を出し合い，その電子が2つの原子に共有されることによって生じる結合が**共有結合**である．

　　電子を共有することによって，原子は閉殻構造になる．

　もう少しくわしくいうと，2つの原子から，それぞれ1個ずつ提供された電子2個が，それぞれの原子の原子核の中間に位置し，このマイナスの電気を帯びた電子が，プラスの電気を帯びた原子核を，それぞれ静電引力で結びつけることによって生まれる結合が共有結合である．

7・3・1 共有結合とは

では共有結合の"本質"を，水素分子について考えてみよう．

いま水素の原子核2つを，水素分子の結合距離である 0.74 Å だけ隔てて置いてみる．

結合距離とは，結合している2つの原子の原子核の間の距離をいう．**原子間距離**と呼ばれることもある．

Å は長さの単位で"**オングストローム**"と読む．1Å = 10^{-10} m である．

このとき，プラスの電気を帯びた水素原子核どうしに働く静電的な反発力の大きさ F は，以下のようにして求めることができる．

$$F = \frac{1}{4\pi\,\varepsilon_0} \frac{Q\,Q'}{r^2}$$

$$F = 8.99 \times 10^9 \times (1.60 \times 10^{-19}) \times (1.60 \times 10^{-19}) / (7.4 \times 10^{-11})^2$$

$$= 4.21 \times 10^{-8}\,\text{N}$$

この計算のくわしい点については物理学の講義，特に"電磁気学"の講義において学ぶことであろう．

N は力の単位で"**ニュートン**"と読む．

この力の大きさを，水素分子 1 mol 当たりの大きさに直してみると，1.3×10^{16} N となる．引力と反発力という違いはあるが，この力の大きさは，1300億 t もの物体にかかる重力に相当する．つまり**静電的な力は，万有引力に比べて，圧倒的な強さを持っている**のである．

では次に図 7・2 のように，このような2つの水素原子核の真ん中に，1個の電子を置いてみる．すると，水素原子核と電子の間に静電引力が生じる．

図 7・2 水素分子の結合

水素原子核と電子との距離は，2つの水素原子核の間の距離の1/2．したがって，水素原子核と電子の間に働く静電引力の大きさは，上で求めた水素原子核どうしの間に働く静電的な反発力の$1/(1/2)^2 = 4$倍になる．電子は両側の水素原子を引きつけるので，電子と水素原子核の間の引力の大きさは，水素原子核間の反発力の8倍に達し，引力が反発力に勝ることになる．

このような，**電子を仲介とした静電引力**が共有結合の"本質"である．

> 実際の水素分子では，原子核の間の電子は2個であり，2個の電子が共同して，2つの原子核をつなぎ止めている．もちろん，共にマイナスの電荷を持った2個の電子の間には静電的な反発力が働く．しかし電子は，互いにぶつからないように動きながら反発力を軽減している．2つの電子が対になるのは量子力学的な現象なので，これまで述べてきた，古典的なイメージでは説明できない．

以上のように共有結合は，プラスに帯電した2つの原子核の中間に電子が位置し，それを仲介とした静電引力によって2つの原子核が結びつけられていること，またその力の大きさは万有引力に比べ，とてつもなく大きいものであることが分かった．

このようにして形成された共有結合は，図7・3に示すように，原子と原子との間を結んだ**価標**と呼ばれる短い直線で書き表される．

7・3・2 共有結合と電子の軌道の変化

共有結合は，電子が原子に共有されることによって生じる．原子の中で，電子はある一定の軌道を運動していたのであるから，共有結合を作るときも，その軌道の形が，それほど大きく変わることはないであろう．結合に関わる電子が収容されている2つの軌道が"融合"し，新たに2つの原子核の

H–H

図7・3　価標．水素分子の例

7・3 共有結合のプロフィール

周りを回る軌道が1つできる．そして，その新しい軌道を2つの電子が運動することになるのだと考えられる．

このように，複数の原子核にまたがって運動する電子の軌道を**分子軌道**と呼ぶ．

こうした仕組みを考えることで，共有結合の1つの特徴である，**結合に方向性がある**ということが理解されるようになる．窒素原子と炭素原子の場合を例に，この問題について考えてみよう．

(1) **窒素原子の場合**

まず，窒素原子Nを考えよう．NはL殻に5個の電子を持っている．すなわち$2s$軌道に2個，$2p_x$，$2p_y$，$2p_z$軌道にそれぞれ1個ずつの電子が収容されている．Nは互いに直角方向を向いた$2p_x$，$2p_y$，$2p_z$軌道の電子を使って水素原子Hと共有結合をする．このような結合によって生じるアンモニアNH_3は，したがって平面状ではなく，**図7・4**に示すような，Nを頂点とした三角錐の形になる．

(2) **炭素原子の場合**

炭素原子には，やや特殊な事情がある．

例えば，炭素原子Cは基底状態において最外殻のL殻に4個の電子を持っている．そこでCは，最外殻に1個の電子を持つ4つの水素原子Hと共有結合を作り，L殻に電子が8個入った状態になって，安定なメタンCH_4を作る．

図7・4　アンモニア分子の形．三角錐をしている

図7・5 炭素原子の結合．メタン分子の生成

これを，もう少しくわしく見てみよう．33ページで述べたように，基底状態にある炭素原子CのL殻の電子配置は，2s軌道に2個の電子が，3つの2p軌道のうちの2つの軌道に1個ずつの電子が入り，残り1つの2p軌道には電子が入っていないというものである．ところが結合を作ることになると，まず2s軌道の電子1つを，空いている2p軌道に移すことをする．そして，そのうえで共有結合を作る．この結果，**図7・5**に示すように，炭素原子は4つの水素原子Hと4つの共有結合を作り，同時にCのL殻は8個の電子を持つことになって閉殻構造となり，安定化する．

以上の過程については，さらにくわしく72ページで述べる．ところで図7・5は，すでに読者にもなじみ深くなったであろう"雷さま形"の電子の軌道を使って図示したものである．同じことを，最外殻電子だけに注目して**図7・6** (a) のように書く方式もある．さらに (a) の右辺は58ページで述べた価標を使って，(b) のように書くこともできる．(b) のように，価標によって結合状態を表したものは**構造式**と呼ばれる．

ここでもう1つ複雑な事情がある．それは，こうしてできた4つの結合が皆，等価であるということである．s軌道とp軌道とは性格が異なっているので，炭素原子Cの2s軌道を使ってできた1つの結合と，2p軌道を使ってできた3つの結合とは，性格が違っていてもよい．しかし，メタンCH_4の4つのC－H結合は皆，等価なのである．これは，Cのs軌道とp軌道とが混ざり合って，新たに等価な4つの軌道ができたからであると考えるこ

```
        H              H
        ··             ··
 H ·· C ·· H    H : C : H    (a)
        ··             ··
        H              H

                       H
                       |
                H —— C —— H    (b)
                       |
                       H
```

図7・6　炭素原子の結合．メタン分子の生成

とができる．このような現象を**軌道の混成**と呼ぶ．軌道の混成については7・5節で，あらためて説明することにする．

なお共有結合は，原子間で電子を共有するので，互いに電子を引く力に違いがない，あるいは違いの小さい原子と原子との間で生じる．炭素の鎖が安定なのは，このことが原因である．

7・3・3　結合性軌道と反結合性軌道

前項では，共有結合を作る2つの原子の**原子軌道**が"融合"し，新しい1つの軌道ができることを述べた．この融合によって生じた新しい軌道に入った電子は，元の原子軌道に入っていた場合に比べて安定になる．だからこそ，原子は原子のままでいることを嫌って，共有結合を作り（すなわち新しい軌道を作り，その軌道の中を電子が運動する），分子となって安定化するのである．

このように新たに生じた，元の原子軌道よりもエネルギーが低く安定な軌道を**結合性軌道**と呼ぶ．

ところで実は，ここでもう1つ隠れた現象が起こっている．それは結合性軌道が生じるのと同時に，元の原子軌道よりもエネルギーの高い軌道，すな

図7・7　共有結合生成による軌道の分裂

わち**反結合性軌道**が生じていることである．しかしすでに述べたように，共有結合にあずかる電子は2つとも，エネルギーの低い結合性軌道にスピンを互いに逆にして収容されており，エネルギーの高い反結合性軌道は，空のまま残されている．この様子を**図7・7**に示した．

> 後に98ページでもっとくわしく説明するが，物質に色がついて見えるのは，ほとんどの場合，結合性軌道の電子が，反結合性軌道にたたき上げられることが原因となっている．2つの軌道のエネルギー差に相当する波長の光が吸収されることになるが，このエネルギー差は結合状態によって様々変化するので，したがって物質の色も，結合状態によって千変万化する．

7・3・4　シグマ結合とパイ結合

さらに共有結合では，**シグマ結合**と**パイ結合**の違いに注意する必要がある．"シグマ"や"パイ"にギリシャ文字を使ってσ**結合**やπ**結合**と書いてある本も多いが，同じことである．

> シグマ結合とパイ結合をきちんと理解するためには，60ページで少し触れた**軌道の混成**について知っておかねばならない．しかしこれは，"化学を本格的に学ぶ"場合には基礎となる重要な概念であるが，"モノを使う立場"からは少し面倒な勉強になるかも知れないので後に回し，本書ではまず，不正確かも知れないが，以下のような簡略化した形で説明を始めることにする．

（1） 単結合，二重結合と三重結合

ではまず，"炭素原子 C は基底状態において最外殻の L 殻に 4 個の電子を持っていて，4 個の共有結合を作る"というところから出発しよう．

図 7・8 を見てほしい．エタン C_2H_6 の結合は簡単である．1 本の共有結合（このような結合を**単結合**と呼ぶ）によって C と水素 H のそれぞれが結ばれている．一方，エチレン C_2H_4 は，C と C の間で 2 本の共有結合を作り，C の最外殻電子を 8 個にして安定になる．このような結合を**二重結合**といい，2 本の価標で表現する．同様にアセチレン C_2H_2，窒素分子 N_2 は，それぞれ C または N どうしが，3 本の共有結合である**三重結合**によって結びつけられている．

すでに述べたように，図 7・8 の上段の一組は，最外殻電子だけに注目して書く流儀にしたがったものである．もちろん，共有結合を価標で表した下段の方式も用いられる．下段のような図を**構造式**と呼ぶことも，60 ページで述べた．

（2） パイ結合とシグマ結合

さて，まずエチレン $CH_2 = CH_2$ の二重結合に注目しよう．二重結合を作る 2 本の結合は，構造式からは同じように見えるが，実は性質が大変違って

図 7・8 二重結合と三重結合

いる．一方の結合は，臭素 Br_2 などと以下のように反応して切れてしまうが，もう 1 つは切れにくい．

$$CH_2 = CH_2 + Br_2 \longrightarrow CH_2Br - CH_2Br$$

この違いは，2 本の結合のうちの 1 本が，強く結合する性質の**シグマ結合**であり，もう 1 本が結合する力の弱い**パイ結合**であることによる．

　結合の"強い""弱い"は，その結合を切り離すのに必要なエネルギーの値を目安に表されることが多い．この値を**結合エネルギー**という．

　窒素分子 $N \equiv N$ ではどうであろうか．$N \equiv N$ の三重結合を作る 3 本の結合のうち，1 本はシグマ結合と呼ばれる強い共有結合で，あとの 2 本はパイ結合と呼ばれる弱い共有結合になっている．

　それでは，シグマ結合とパイ結合とは，どのように異なるのであろうか．それにはそれぞれの結合が，どのように生じるものなのかを見ればよい．以下で $N \equiv N$ を例に説明することにする．

　基底状態の窒素原子 N の不対電子は $2p_x$，$2p_y$，$2p_z$ 軌道に 1 つずつ入っている．いま 2 つの N を，お互いの $2p_x$ 軌道どうしが向かい合う形で近づけ，$2p_x$ 軌道どうしが重なったところで置いてみる．するとこのとき図 7・9 のように $2p_y$，$2p_z$ 軌道は互いに平行に並んで，側面が 2 組の場所で重なり合うような配置をとることができる（p.80 の補注 1 参照）．つまり合計

図 7・9　シグマ結合とパイ結合．窒素分子の例

7・3 共有結合のプロフィール　　　65

3組の場所で，電子の軌道の重なり合い，すなわち共有結合ができていることになる．前者のように，電子の軌道が向かい合って重なり生じる共有結合を**シグマ結合**という．これは軌道の重なりが大きいので強い結合になる．一方，後者のように，電子の軌道の側面の重なりによって作られる共有結合を**パイ結合**といい，これは軌道の重なりが小さいので弱い結合になる．

(3) 共役とベンゼン環

2つの二重結合が単結合を挟んで並んでいるとき，これを二重結合が**共役**しているという．

例として，C＝C－C＝Cのような系を考えてみよう．この系では，すべての軌道が重なり合い，**図7・10**のように，本来パイ結合をしていなかったはずの中間の2つの炭素原子についても，お互いがあたかもパイ結合をしているかのような形になる．このようになると左右のCの間，すなわち系の端から端まで，電子が自由に動けるようになる．すなわち，電流が流れるようになる．また，こうして2つのパイ結合の間で電子の行き来ができるようになると，2つのパイ結合が独立して存在している場合に比べて安定化する．

つまり二重結合と単結合とが交互にたくさん繋がった系，すなわち**共役系**では，電気伝導性が現れるとともに，大きな安定化が得られるのである．上で述べたような共役系の**パイ電子**に対して，シグマ結合を作っている電子は

図7・10　二重結合の共役

図 7・11 ベンゼン環

2つの原子の間だけしか動けないから,シグマ結合だけからできた物質は電気を伝えにくい.また**図7・11**のように,共役系が環になって,エンドレステープのように繋がったものが**ベンゼン環**である.ベンゼンC_6H_6が示す特別な性質,すなわち二重結合を持っていながら付加反応を起こさない性質は,ベンゼン環の共役による安定化から生まれたものである(p.80の補注2参照).

付加反応について,本書では特に説明を加えない.$C=C$の二重結合が起こす代表的な反応の1つとだけ覚えておけばよい.興味のある読者は,有機化学のテキストを見るとよいであろう.

7・3・5 共有結合の分極

同種の2つの原子間の共有結合,すなわち"理想的"な共有結合では,電子は結合している2つの原子の周りを同じ"割合"で回っている.しかし異なった2つの原子が共有結合した分子,例えば塩化水素 $H-Cl$ のような分子では事情が異なってくる.そこでは,水素原子 H に比べて塩素原子 Cl の方が電子を引きつける力が強いため,共有結合を作っている電子は,Cl の方に偏って回るようになる.すなわち,電子が Cl の周りにいる確率が,H の周りにいる確率よりも高くなる.この結果,H はプラスの電気を帯び,Cl はマイナスの電気を帯びることになる.このように,電子が偏ることを**分極**という.

7・3 共有結合のプロフィール

$$\begin{array}{cc} \delta+ \ \delta- & \delta+ \ \delta- \\ H:Cl & H \rightarrow Cl \end{array}$$

図 7・12　分極の表し方

ただし，ここで注意しておかなければならないことは，"電子は完全に H から Cl に移り切っているというのではない"ということである．あくまでも"電子は H の周りも回っていて，しかし，Cl の周りにいる確率の方が高い"というだけなのである．したがって，この現象を書き表す場合にイオンにならい，完全に電荷が移り切ったかのような H^+，Cl^- のような表記を用いることは好ましくない．分極の様子は，**図 7・12** のように表すことになっている．

ここで $\delta+$，$\delta-$ という記号に気づかれたことであろう．δ は"デルタ"と読む．この δ を $+$，$-$ の前に付けることで，電子が片方の原子に完全に移り切っているのではなく，かつ H や Cl の上に現れる電荷の大きさが，電子の電荷よりも小さいことを表現している．

なお原子の上に現れる電荷の大きさは，分子の置かれている環境によっても変化する．$H-Cl$ は，真空中では 18% の電子が Cl の方に移っているが，水中では，これが 100% になって，H^+ と Cl^- というイオンに分かれてしまう．

　上のように，物質がイオンに分かれてしまう現象を**電離**という．生じたイオンは，水中では水分子に囲まれて安定化する．

7・3・6　配位結合

共有結合の一種として，**配位結合**の理解も重要である．

図 7・13 に示すように，窒素原子 N は 3 個の水素原子 H と 3 つの共有結合を作り，L 殻に 8 個の電子を収容してアンモニア NH_3 となって安定化する．しかし図 **7・14** に示すように，さらに NH_3 は H^+ と結合して，アンモ

図 7·13　アンモニア NH_3 の結合の生成．(a) は図 7·5 に，(b) は図 7·6 に対応した書き方である

図 7·14　アンモニウムイオンの結合の生成

ニウムイオン NH_4^+ になる．H^+ はもともと電子を持っていなかったが，このとき N から 2 個の電子をもらって K 殻を満たすようになっている．ここで作られる結合は，2 つの原子が電子を共有するのだから共有結合に他ならない．ただし，これまで考えてきたものと違って，**共有される電子が一方の原子のみから提供されている**．つまり N が 2 個の電子を H^+ に与えて共有結合を作っている．このような結合を**配位結合**と呼ぶ．

　これは，**図 7·15** のように考えると理解しやすい．

　つまり，まず N から電子 1 個が取り出され，H^+ に与えられる（したがって N はプラスに帯電し，H^+ は中性になる）．そして，こうした上で共有結合が作られると考える．このように考えれば，N の上にプラス電荷が溜

```
    H                    H                      H
    ··                   ··  +                  ··  +
H : N :    H⁺  ——→   H : N ·  · H   ——→   H : N : H
    ··                   ··                     ··
    H                    H                      H
```

図 7・15 配位結合のメカニズム．N から電子 1 個が H^+ に与えられ，そのあとで共有結合ができる

まることも理解される．つまり N から電子 1 個が H^+ に与えられ，その後で共有結合ができるのである．

以上述べてきた共有結合は，数個から数百個の原子をつなぎ合わせて分子を作り，またある場合には無限に連なって，我々が直接手に触れることのできる結晶を作るに至ることもある．

高分子化合物（ポリマーと呼ばれることもある）も共有結合からなる物質である．これは重要な物質群であるので，第 10 章であらためて議論することにする．

7・4 金属結合のプロフィール

図 7・16 のように，電子が原子と原子の間を動き回って原子を結びつけている結合を**金属結合**という．

金属，例えばナトリウム Na を考えよう．ナトリウム原子には 1 個しか最外殻の電子がない．この 1 個の最外殻の電子が，隣接したたくさんのナトリウム原子の間を動き回って原子と原子とを結びつけている．したがって金属結合は，結合の数に対して電子の数が少ないとき，また電子が動きやすい元素の場合にできやすいことになる．

　　最外殻の電子のことを**価電子**と呼ぶことがある．また上で述べたように，原子と原子の間を動き回り，1 つの原子に固定されていない価電子を**自由電子**

第 7 章　結合のいろいろ

M ・ M ・ M　　　　M ・ M ・ M ・　　　　M ・ M ・ M
　　・　　　　　　　　　　　　　　　　　　　　　・
M　　M　　M ・　⟶　M ・ M ・ M ・　⟶　M ・ M ・ M
　　　　　・　　　　　　　　・　　　　　　　・
M ・ M ・ M　　　　M ・ M ・ M　　　　・ M ・ M ・ M

●金属結合のモデル1　　　　　●金属結合のモデル2

　　　自由電子

　　　電子殻

図7・16　金属結合のイメージ

という．"電子が動きやすい元素"とは，原子核による電子の引きつけが弱い，すなわち**イオン化エネルギー**が小さい元素である（原子から1個の電子を取り去るのに必要なエネルギーを**イオン化エネルギー**と呼ぶことは37ページで述べた）．

そのため第1族のアルカリ金属において，金属結合性が最も高くなる．第2族，第3族と最外殻の電子数が増し，またイオン化エネルギーが大きくなっていくにしたがって金属結合性が低くなり，共有結合性が高くなる．遷移金属になると，d軌道の電子までが結合に関与してくるので金属結合性が弱まり，共有結合性が強まる．これら結合の性質が，金属の力学的特性や電気的特性に反映する（第14章，および第16章参照）．

7・5 軌道の混成 — 共有結合をさらに理解するために —

最後に，7・3節でスキップした軌道の混成について学ぼう．これは炭素を主成分とする化合物，すなわち**有機化合物**を理解するために，ぜひとも必要な知識である．

実際の例を見てみよう．基底状態にある炭素原子Cは，L殻に4個の電子を持つ．すなわち2s軌道に2個，2p軌道に2個の電子が入っている．この状態では，不対電子は2p軌道の2個の電子であるから，Cは2価で，2個の水素原子Hと結合してCH_2という分子を作ることが予想される．しかし実際に安定なのは，4個のHが結合したメタンCH_4である．Cが4個のHと共有結合を作るまでには，次のような，ちょっと複雑な過程が含まれている．

① 2s軌道の電子が，エネルギーの高い2p軌道に上げられる（これを**昇位**という）

② さらに，1つの2s軌道と3つの2p軌道とが混ざり合って（これを**軌道の混成**と呼ぶ），s軌道の性質を1/4，p軌道の性質を3/4持った新しい軌道（この新しい軌道を一般に，**混成軌道**と呼ぶ）が4つできる

③ それぞれの混成軌道が，Hと共有結合を作る

上のような軌道の組み合わせで生じた混成軌道を特に**sp^3混成軌道**という．その生成の様子を**図7・17**に示した．

> 軌道の混成とは，文字通り"軌道が混ざり合うこと"である．量子力学の言葉で表現すれば"波動関数の重ね合わせをとること"である．

混成軌道には上で述べたsp^3混成軌道のほかに**sp混成軌道**，**sp^2混成軌道**がある．それぞれについて以下で説明していくことにする．まずは，簡単なsp混成軌道から始めよう．

炭素原子の基底状態　2s ↑↓　　2p ↑ ↑ _

↓ s軌道の電子をp軌道へ昇位させる

2s ↑　　2p ↑ ↑ ↑

↓ 混成

sp³混成軌道　↑ ↑ ↑ ↑

図7・17　CH_4 の結合．sp³混成軌道

7・5・1　sp 混成軌道

sp 混成軌道は，1つのs軌道と1つのp軌道とが混ざり合ってできた軌道である．これは，アセチレン CH≡CH の結合に関与し，そこでは**図7・18**に示すように，Cの2s軌道と3つの2p軌道のうちの1つ（いま，これを $2p_x$ に選ぶ）とが混ざり合って，2つのsp混成軌道を生じている．混ざり合いに加わらなかった2つの2p軌道（いまの場合，これは $2p_y$, $2p_z$ 軌道であり，sp混成軌道を作った $2p_x$ 軌道に直交している）は，そのまま残っている．

ところで，2つの"軌道が混ざり合う"ということは，量子力学的な表現では2つの"波動関数の和または差をとる"ということである．このときには波動関数の符号，すなわちプラスかマイナスかが問題になってくる．s軌道の波動関数はどこでも同じ符号であるが（いま，その符号をプラスとする），p軌道の波動関数は，右側と左側とで符号が反対になっている．いま，

7・5 軌道の混成 — 共有結合をさらに理解するために — 73

図 7・18 sp 混成軌道の生成

図 7・19 で白抜きの方をプラスとすると，グレーの方はマイナスとなる．

そこで s 軌道と p 軌道の波動関数の和をとる（図 7・19（a））と，軌道の左側は s 軌道も p 軌道もプラスなので，プラスの大きな値になる．右側は p 軌道のマイナスを s 軌道のプラスが打ち消すが，少しばかりマイナスが残って，小さなマイナスの符号を持った軌道ができる．一方，2 つの波動関数の差を作るとする（図 7・19（b））．これは p 軌道の波動関数の符号を逆にして，s 軌道の波動関数に加えるということであり，この結果は，和をとって得られたときの軌道の方向を 180° 変えたものになる．このようにして，1 つの s 軌道と 1 つの p 軌道とが混ざり合うと，互いに反対方向を向いた 2 つの sp 混成軌道ができる．CH≡CH では，それぞれの C の 2s と 2p 軌道を使って，このような過程により sp 混成軌道ができているのである．

それでは，CH≡CH の全体がどのような結合からできているのか，図 7・20 を見ながら説明することにしよう．

まず，CH≡CH のそれぞれの C が，sp 混成軌道の 1 つを使って H と，もう 1 つを使ってもう一方の C とシグマ結合をする．

C と H との結合もシグマ結合である．

さてこのとき，CH≡CH のそれぞれの C には，2 個の 2p 軌道（いまの

図 7·19 軌道の混ざり合い。波動関数の重ね合わせ
(a) 和をとった場合
(b) 差をとった場合

場合は $2p_y$ と $2p_z$ 軌道である）にまだ不対電子が 1 つずつ残っている．sp 混成軌道を使って C どうしがシグマ結合を作ると，それぞれの C において残った 2 つの 2p 軌道は，C − C 軸に対して互いに垂直に立ってしまう．この結果，お互いの C の間ではパイ結合しかできなくなる．

結局 CH ≡ CH の C どうしでは，1 本のシグマ結合と 2 本のパイ結合ができていることになる．これは，64 ページの N ≡ N と同様の結合である．

以上を図 7·20 にまとめて示した．なお図では省略しているが，実際には，紙面に垂直な y 方向に，もう 1 本のパイ結合が存在している．

図7·20 アセチレンの結合．図では省略しているが実際には，紙面に垂直な y 方向に，もう1本のパイ結合が存在している

7·5·2 sp² 混成軌道

1つのs軌道と2つのp軌道とが混ざり合うと，平面状の **sp² 混成軌道** ができる．例えばCを例に考えると **図 7·21** のようになる．2s軌道と3つの2p軌道のうちの2つ，$2p_x$ と $2p_y$ 軌道とが混ざり合って，xy 平面上に3つのsp² 混成軌道が生じることになる．

sp² 混成軌道は，エチレン $CH_2 = CH_2$ を作る結合である．それぞれのCは，2つのsp² 混成軌道を使って2つのHと結合し，もう1つのsp² 混成軌道を使ってもう一方のCとシグマ結合をする．このとき，それぞれのCには，まだ1個ずつの不対電子が残っており，それは各々の $2p_z$ 軌道に入っている．これら2つの $2p_z$ 軌道は，互いの軌道の側面でわずかに重なり合い，パイ結合を作る．このようにして $CH_2 = CH_2$ のCどうしでは，sp² 混成軌道による1本のシグマ結合とともに，p軌道によるパイ結合が1本形成され，二重結合を作ることになる．$CH_2 = CH_2$ の全体の結合の様子を，**図 7·22** に示す．

図 7·21 sp² 混成軌道

図 7·22 エチレンの結合

64 ページでも述べたように，シグマ結合は強くて切れにくく，パイ結合は弱くて切れやすい．つまり $CH_2 = CH_2$ の二重結合は，構造式では全く同じ2本の直線のように見えても，実際はそれぞれが異なる性質を持っているのである．具体的な例は，64 ページに示しておいた．

また，パイ結合は分子の形を固定する．図 7·22 から分かるように，C − C 軸

7・5 軌道の混成 ― 共有結合をさらに理解するために ―

周りの回転を，パイ結合が妨げるのである．分子の立体構造による性質の違いを考えるときに耳にする，**シス形**や**トランス形**といった区別は，これによって生じる．

7・5・3　sp³ 混成軌道

1つのs軌道と3つのp軌道とが混ざり合って，4つの**sp³ 混成軌道**が作られる．これら4つの混成軌道はそれぞれ独立で，等価である．

実際にsp³ 混成軌道が生じる様子は，Cを例に，71ページで図7・17とともに述べた．このようにしてできたsp³ 混成軌道を使って，Cは4つのHと結合し，メタン CH_4 を作る．

CH_4 は正四面体の形をしている．これは図7・23に示すように，Cを中心に正四面体の各頂点に向かって，sp³ 混成軌道が伸びているからである．

sp³ 混成軌道が上で述べたような形をしているのは，それぞれ x, y, z 方向に伸びた3つの軌道，すなわち $2p_x, 2p_y, 2p_z$ 軌道が混ざり合ったからである． x, y, z の3次元空間を等価に4つに区切る方向にsp³ 混成軌道は伸びている．

7・5・4　軌道の混成，結合の生成とエネルギー

71ページで述べたように，基底状態の電子配置からはCは2価で，2個のHと結合して CH_2 という分子を作ることが予想される．しかしすでに見てきたように，実際に安定なのは4価のCに，4個のHが結合した CH_4 で

図7・23　正四面体構造．4つのsp³ 混成軌道のうちの1つだけを示した．残りの3本は，Cから正四面体の各頂点方向に伸びている

ある．これは，なぜであろうか．

よくいわれるように，自然は"エネルギーが損になる"ことは決してしない．いいかえると，元の状態に比べてエネルギーが高いような状態に，自然に変化することはないということである．いまの場合には，どうであろうか．

Cにおいてsp^3混成軌道が生じる過程では，まず2s軌道の1つの電子が2p軌道に昇位する．このとき，402 kJ/molのエネルギーが必要である．しかし，このようにしてsp^3混成軌道を作り，これを結合に使うと，何もしないときに比べて2個余分のC－H結合ができることから，Cはこの分のエネルギー 852 kJ/molだけ安定化する．したがって全体としては，差し引き

$$852 - 402 = 450 \text{ kJ/mol}$$

だけエネルギーが低くなる．つまり，Cは4価になる方がエネルギーの損をせず，得なのである．

なお，よく誤解されるのだが，軌道の混成そのものはエネルギーの損得には関係しない．

7・3・3項で述べたように，共有結合では，2つの原子の電子の軌道が"融合"してエネルギーの低い結合性軌道と，エネルギーの高い反結合性軌道とができる．ここで注意したいのは，結合性軌道の安定化の度合と反結合性軌道の不安定化の度合は等しく，これら2つの軌道のエネルギーの和は，2つの原子軌道のエネルギーの和に等しいということである．つまり軌道が混ざり合って新しい軌道を作っても，それらのエネルギーの和は変わらないのである．

だが結合までを考えると，事情は変わってくる．結合する場合は，エネルギーの低い結合性軌道に2個の電子が収容され，エネルギーの高い反結合性軌道は空になるのでエネルギーの得が起こる．しかし，sp^3混成軌道については，また話が別である．sp^3混成軌道は，4つの軌道が混ざり合って，新たに生じた4つの軌道であるが，元の場合と比べてエネルギーの損得はない．

練習問題

1. 次について，簡単に説明せよ．
   - (a) イオン結合
   - (b) 共有結合
   - (c) 金属結合
   - (d) 配位結合
   - (e) シグマ結合
   - (f) パイ結合
   - (g) 共役

2. 次の元素の組み合わせでできる化合物はイオン結合，共有結合，金属結合のいずれからなるか．
   - (a) N と N
   - (b) K と Br
   - (c) Br と Br
   - (d) K と K
   - (e) C と C
   - (f) C と H
   - (g) C と Cl
   - (h) Na と Cl
   - (i) Ag と Ag

3. 二酸化炭素 CO_2 は $O=C=O$ の構造をしていて，$C=O$ でシグマ結合とパイ結合からなる二重結合を作っている．一方，二酸化ケイ素 SiO_2 では二重結合を作らず，シグマ結合からなる単結合によって網目構造を作る．SiO_2 が，パイ結合を作りにくいのはなぜか．

4. 次の各組の，シグマ結合の強さを比較せよ．
   - (a) $Cl-Cl$ と $Br-Br$
   - (b) $C-C$ と $Ge-Ge$

5. 水，アルコール，エーテルの分子の形を，結合に関与する電子の軌道の形から考察せよ．

6. ガリウム Ga とヒ素 As との化合物であるヒ化ガリウム GaAs（正統的な名称ではないが，"ガリウムヒ素"と呼ばれることが多い）の結合状態は，ゲルマニウム Ge の結合状態に似ている．これを説明せよ．

7. $C-C$, $C=C$, $C\equiv C$ について，炭素-炭素間の距離の長いものはどれか．また，短いものはどれか．

8. 価標で表した次の結合は，どのような種類の原子軌道を使った結合か，また，それはシグマ結合かパイ結合か．結合が 2 本以上ある場合は，そのそれぞれについて答えよ．
   - (a) $H-CH_3$
   - (b) CH_3-CH_3
   - (c) $H-CH=CH_2$
   - (d) $H-C\equiv CH$
   - (e) $H_2C=O$
   - (f) $Cl-Cl$

9. 窒素分子 N≡N と水素 H との反応では，NH$_3$ よりも NH$_2$－NH$_2$ ができやすい．これはなぜか．

補注1

p.25 にも書いたが，p 軌道は図 4.6 のように広がっている．p 軌道の形を左図のように正しく描けば，π 結合における p 軌道の重なりも理解できる．しかし，図を見やすくするため，右図のように p 軌道を細身に描いておく．

π 結合における
p 軌道の重なり

補注2

ベンゼンには電気伝導性はない．電子の動ける範囲が環内に限られるからである．ベンゼン環が縮合したグラファイトは電子が広い範囲で動けるため電気伝導性がある．

8

結合が作り出すもの

　分子や様々な物体は，原子からできている．しかしその性質は，それを構成している原子の性質の重ね合わせにはならない．そこには，原子にはなかった新しい性質が現れる．それを生み出すのが結合である．物質世界は，結合の多様性によって，無限の可能性を持つことができるようになるのである．

8・1　ミクロからマクロへ

　原子が結合によって繋がると，何が作り出されるであろうか．それにはいろいろな場合がある．

　1つは，数個から数百個の原子が共有結合で連結され，分子ができる場合である．しかし，たとえ数億個の原子が結合したとしても，1個の分子は目に見えるものとはならない．分子は 10^{18} 個（10億の10億倍個）だけ集まって，やっと人間が認識できる大きさになる．そのマクロな形態は気体であったり，液体であったり固体であったりする．

　ところがダイヤモンドや水晶は，全ての原子が共有結合で連結された1つの"塊"，つまりマクロな物質で，これらは目に見え，かつ触って感触を楽しむことができる．その中には，少なくとも 10^{20} 個もの原子が詰まっている．食塩は全体がイオン結合によって，また，鉄などは全体が金属結合によ

第8章 結合が作り出すもの

```
 ミクロな世界                          マクロな世界
                                    物体としての形
         結合の仕方    集合の仕方
 原子 ─┬─ イオン結合 ──────────── イオン結晶
      ├─ 共有結合 ─┬─ 分子 ─ 分子間力 ─┬─ 分子結晶
      │           │                 ├─ 液体
      │           │                 └─ 気体
      │           └──────────── 共有結合性結晶
      └─ 金属結合 ──────────── 金属結晶
```

図8・1　純物質の構成

って結びつけられたマクロな物質である．

　物質のうち，我々が直接目で見たり，手で触ったりすることのできるものを**物体**と呼ぶことは，3ページで述べた．言い換えれば，物体とは"**マクロな物質**"である．なお上の説明から分かるように，単に"物質"といった場合には物体をも含んでいることになる．

　このように原子・分子が集まって，我々が手に取ることのできる"塊"，物体が作り出される．"ミクロな世界"の原子から"マクロな世界"の物体が，どのように構成されていくかを，純物質について**図8・1**に系統づけた．

8・2　結合はどのような物質を生み出すか

8・2・1　共有結合が生み出す物質

　共有結合は原子を結びつけて，どのような物質を作り出すであろうか．これには2つの場合がある．

　1つは共有結合が空間いっぱいに広がって，1つの"塊"を作る場合であり，もう1つは数個から数百個の原子によって，分子が作られる場合であ

る．

　数万から数十万個の原子が集まってできる高分子化合物と呼ばれるものもある．これについては，あらためて第10章で扱う．

これらについて，もう少しくわしく見ていこう．

(1) 共有結合性結晶

　無限に共有結合が繰り返されると，全体が共有結合で結びつけられた"塊"になる．このような物体を**共有結合性結晶**という．

　共有結合性結晶の代表例として，炭素原子Cが無限に連なったダイヤモンドがある．半導体として利用されるケイ素Siやゲルマニウム Ge の結晶も，ダイヤモンドと同じ構造をしている．水晶も似た構造を持っており，－Si－O－が3次元方向に無限に繰り返されてできている．これらの構造を図8・2に示す．

　ここではケイ素Siを取り上げ，考察を進めよう．すでに図8・2に示したように，Si結晶の原子配列はダイヤモンドと全く同じで，それぞれのSi原子は正四面体構造をとっている．すなわち，正四面体の中心に1個のSi原子があり，その正四面体の頂点を，中心のSi原子と結合した4個のSi原子

図8・2　ダイヤモンド，水晶の構造．ケイ素の結晶もダイヤモンドと同じ構造である

が占めている．ダイヤモンドと異なるのは，結合している原子と原子の間の距離だけである．この結合距離は，Si 結晶の方が長い．

しかし，この結合距離の違いは，ダイヤモンドと Si 結晶の特性の違いを生み出す．結合距離が長いということは，結合が弱く切れやすいということである．ダイヤモンドがあらゆる物質の中で最も硬いのに対し，Si 結晶がやや壊れやすいのは，このことが原因である．また，ダイヤモンドが"普通は"絶縁体といわれるのに対して，Si 結晶が代表的な半導体であるのも，ここに原因がある．

最近，ダイヤモンドの半導体性に注目が集まるようになってきている．

(2) 分子

共有結合は，数個から数百個の原子を結びつけて分子を作ることもある．例えば水素 H_2，メタン CH_4，エチレン $CH_2 = CH_2$ などの分子がそうである．

共有結合からなる物質の性質を決める最小単位は分子である．しかし分子は，たとえそれが数十万個の原子からできている高分子化合物であったとしてもなかなか目に見えるものとはならない．たくさんの分子が集まって気体，液体，固体となったとき，初めて我々の感覚でとらえることができるものとなる．

　　分子相互の間に働く引力によって，たくさんの分子が集まって固体となったものを**分子結晶**と呼ぶ．

分子の"性格"は，その集合体である化合物の性質として現れる．例えば水に溶けやすいとか，赤い色が付いているなどの化合物の性質は，分子の性格を反映したものである．一方，硬いとか，引っ張っても切れないなどといった力学的特性は，分子そのものの性格ではなく，分子の集合の仕方によって決まってくる．

ところで，分子の"性格"とは何を意味しているのであろうか．分子の"性格"とは電子，それも主として結合に関与している電子の状態によって

決まってくるものである．もっとくわしくいうと
　① 共有結合を作っている電子は，どのような軌道にいるのか．シグマ結合を作る軌道にいるのか，パイ結合を作る軌道にいるのか．さらにまた，このとき，その電子のエネルギーは高いのか，低いのか
　② 共有結合を作っている電子の偏り（これは，共有結合の分極による）
　　　によって，分子内のどこにプラス電荷，マイナス電荷が溜まるのか
によって決定されるものである．

　66ページで述べたように，同種の原子間の共有結合，すなわち"理想的"な共有結合でできた分子においては分極は生じていない．しかし"現実"の分子の共有結合では，多くの場合において恒常的な分極が生じている．プラスとマイナスの電荷の間に働く静電引力は極めて大きい．さらに，一時的な分極によって生まれる弱い力である**ファンデルワールス力**と呼ばれる力が分子と分子とを引きつけ，液体や固体といった状態，すなわち**凝集状態**を作り出す原因となっている．液体と固体，さらに気体については第9章で，もう少しくわしく述べることにする．

　共有結合の分極は，結合がイオン結合性を帯びることを意味している．

8・2・2　イオン結合が生み出す物質

　56ページで述べたように，イオン結合には方向性がない．
　さて，陽イオンは自身の周りにたくさんの陰イオンを引きつけようとし，逆に陰イオンは，自身の周囲に多くの陽イオンを引きつけようとする．そこで，陽イオン－陰イオン－陽イオン－陰イオン－……の3次元網目構造が組み立てられることになり，結晶ができあがる．このように，イオン結合によってできあがった結晶を**イオン結晶**と呼ぶ．

　イオン結晶の代表例としては，塩化ナトリウムNaCl結晶を挙げることができる．これは**図8・3**に示す構造をしている．同じ周期に属する元素では，陰イオンの方が陽イオンより大きい．したがってNaCl結晶は，塩化物イオ

Na⁺   Cl⁻

図8・3　NaCl 結晶の構造

ン Cl⁻ の隙間にナトリウムイオン Na⁺ が入り込んだような格好になっている．

8・2・3　金属結合が生み出す物質

　金属結合は，金属単体の結晶を作り上げる．このようにしてできあがった結晶を**金属結晶**と呼ぶ．

　金属結合では，少数の電子がたくさんの原子の間を動き回り，共有結合を作るのと同じ原理で，原子どうしを結びつけている．代表的な例であるナトリウム Na では，Na 原子の最外殻にある 1 個の電子が，周囲にある 8 個の Na 原子との間を動き回って，原子どうしを結びつけている．

　金属結合は
① 結合の数に比べて，電子の数が少ないとき
② 原子核が電子を引きつける力が弱いとき（すなわち，原子がイオン化しやすいとき）

にできやすい．電子が，たくさんの原子の間を素早く動き回らなければならないことを考えれば，上記の①と②は容易に理解されるであろう．

　第 2 族元素のマグネシウム Mg では，2 個の電子が金属結合に参加するこ

(a) 体心立方構造　　(b) 面心立方構造　　(c) 六方最密構造

図8・4　金属の代表的な結晶構造．体心立方構造と面心立方構造，六方最密構造

とができ，また原子が電子を引きつける力が強い（5・2節参照のこと）ので，同周期の第1族元素 Na よりも金属結合性が弱い．また，鉄などの遷移金属では外殻電子が多くなるうえ，内殻のd軌道の電子までもが結合に関与するのでイオン結合性が弱まり，共有結合性が増してくる．同時に，イオン化エネルギーも大きくなっている．

　原子の並び方によって，図8・4に示すように，金属結晶の構造は3つに分類される．上で述べた Na は**体心立方構造**，Mg は**六方最密構造**である．**面心立方構造**の例としては銅 Cu がある．

8・3　結合はどのような機能を生み出すか

8・3・1　物質の力学的特性

　力学的特性は，マクロな物質の性質である．したがって，原子・分子といったミクロなレベルでは力学的特性は現れない．しかし，我々が手にすることのできる共有結合性結晶，イオン結晶，金属結晶では，結合の性質が直接，物質の力学的特性として反映されている．

（1）　共有結合性結晶の力学的特性

　共有結合性結晶を作る共有結合は，強くて切れにくい．また方向性があって，原子の位置がずれにくい．"結晶が割れる"とか"欠ける"ということ

は，実は，原子と原子とを結びつけている"結合が切れる"ということである．したがって，強く切れにくい共有結合でできている結晶は，強度が大きく壊れにくい．また結晶が変形するためには，原子の結合角が変化しなければならないが，これは，炭素原子の結合角が変化しにくいことが，ダイヤモンドの硬さ（つまり，変形のしにくさ）の原因となっていることに反映されている．

　　ある原子が，それと結合している2つの原子と作る角を**結合角**という．

　ケイ素Siを例に，具体的に考察してみよう．すでに83ページで述べたように，Si結晶の原子配列はダイヤモンドと全く同じで，それぞれのSi原子は正四面体構造をとっている．すなわち，正四面体の中心に1個のSi原子があり，その正四面体の頂点を，中心のSi原子と結合した4個のSi原子が占めている．ダイヤモンドと異なるのは，結合している原子と原子の間の距離だけである．この結合距離は，Si結晶の方が長い．

　しかし，この結合距離の違いは，ダイヤモンドとSi結晶の特性の違いを生み出す．結合距離が長いということは，結合が弱く切れやすいということである．ダイヤモンドがあらゆる物質の中で最も硬いのに対し，Si結晶がやや壊れやすいのは，このことが原因となっている．

(2)　**イオン結晶の力学的特性**

　イオン結晶を作り出すイオン結合も，強い結合である．$Na^+ - Cl^-$のイオン結合の結合エネルギー $407\,kJ/mol$ は，ダイヤモンドの$C - C$の共有結合の結合エネルギー $354\,kJ/mol$ よりも大きい．つまり，NaCl結晶はダイヤモンドよりも強く結合していることになる．

　　以上は，富田功氏のご教示による．なお本来は，結合エネルギーではなく，
　　格子エネルギーを比較すべきである．格子エネルギーとは，ここでは簡単に，
　　結晶状態における結合エネルギーのようなものと考えておけばよい．

　たしかに，NaCl結晶は硬い．しかし実感として，ダイヤモンドに比べると力学的強度は小さく，壊れやすいように思われる．これは，イオン結合に

は方向性がなく，横からの力で原子がずれやすいこと，またダイヤモンド中のC原子は，下方にある3個のC原子でしっかりと固定されているのに，NaCl結晶では，そのようなことが起こらないためであると考えられる．

(3) 金属結晶の力学的特性

金属結合は1つの金属原子を，その周りのたくさんの金属原子と結びつけて金属結晶を作り出す．

結合にあずかる電子は，ただ1対の金属原子間の結合にだけかかわっているのではない．このため金属原子は，周囲の金属原子，すなわち結合の相手が変わっても，すぐに対応して，新しい周囲の金属原子との間に結合を作ることができる．金属が変形しやすく，薄い膜になったりしても性質が変わらないのはこのためである．このことは，金属の加工のしやすさの原因になっている．

> 上で述べた金属の"変形しやすく，薄い膜になったりしても性質が変わらない"特性を指して**"展性・延性が大きい"**という．

大きな力学的強度は金属結合性が小さく，逆に共有結合性が大きいときに発現する．8・2・3項で述べたように金属結合は，結合の数に比べて電子の数が少ないとき，また原子がイオン化しやすいときにできやすいから，大きな力学的強度はこの逆に

① 結合の数に比べて電子の数が多いとき
② 原子がイオン化しにくいとき（すなわち，原子核が電子を引きつける力が強いとき）

に発現することになる．例えば，Fe > Mg > Na の順になる．

> 結合の種類による力学的特性の違いは，定性的には上のように説明される．
> これを厳密化し定量的に扱うことで，結合のメカニズムに基づいた，結晶の力学的強度の理論的算出が可能になる．
> ところが実測された結晶の引っ張り強度は，このように理論的に計算されたものの 1/10 から 1/100 に過ぎないことが多い．これは，結晶中での原子の配

列が完全ではなく，多くの**欠陥**（例えば原子が足りなかったり，多かったりすること）によって，結合が乱されているからである．

(4) 分子結晶の力学的特性

分子結晶は小さな分子が，弱い静電引力によって結びつき合ってできるものである．結晶を構成している分子そのものは，強い共有結合で結ばれているので力を加えても壊れることはないが，分子と分子の間の結合は，小さな力で切れてしまう．したがって，分子結晶の力学的強度は小さい．

8・3・2　物質の熱的特性

物質の熱的特性には様々なものが考えられる．例えば
① 融点，沸点
② 熱伝導性
③ 熱容量（または，比熱）
④ 耐熱性（すなわち高い温度まで性質，特に力学的特性を変えないこと）
などである．これらの考察のためには，まず"熱とは何か"ということについての理解が必要であろう．

(1) 物質の中の熱エネルギー

熱はエネルギーの一種である．日常，我々が経験するように，**熱エネルギー**を物体に加えると，マクロな現象として物体の**温度**は上昇する．つまり，物体は熱エネルギーを蓄えたことになる．では，これを原子・分子のミクロなレベルで考えると，どのような現象としてとらえることができるであろうか．

熱エネルギーは，原子・分子の世界では**運動エネルギー**として蓄えられている．それでは次に，原子・分子の中での運動エネルギーとは何であろうか．これにはいろいろな種類がある．

気体の場合

まず，気体の場合を考えよう．

(a) 並進：分子全体の移動　　(b) 回転：分子全体の回転　　(c) 振動：原子間の伸び縮み

図 8・5　分子の並進，回転，振動．H−Cl の例

1つは，原子・分子が空間を"飛び回る"運動エネルギーである．6・2節の初めに述べたように，これは原子・分子の平均速度を v，質量を m としたとき，原子・分子1個当たり $(1/2)mv^2$ と表されるものである．熱が蓄えられ，気体の"温度が高い"ということは，気体の原子・分子が"大きな速度で飛び回っている"ということになる．

さて原子では，上のような種類の運動エネルギーしか考えることができないが，分子になると，運動エネルギーの種類が増える．上で考えた**並進の運動エネルギー**に，**回転の運動エネルギー**と**振動の運動エネルギー**が加わる．では，分子の回転や振動といった運動はどのようなものであろうか．それぞれの運動を二原子分子 H−Cl を例に示した，**図 8・5** を見ながら考えよう．

まず**回転**とは，分子全体が，その重心の周りをぐるぐると回る運動である．これを図 8・5 (b) に示した．分子が熱エネルギーを得ると，回転の速度が増す．これが熱エネルギーが蓄えられ，温度が高い状態に相当する．**振動**については図 8・5 (c) に示した．分子をモデル的に，2つの原子がバネで結合されたものと考え，このバネが一定の周期で伸びたり縮んだり，すなわち振動しているものとする．いま，ここに熱エネルギーが加えられると，この振動の振幅が大きくなる．すなわち振幅が大きくなることが，分子が熱エネルギーを受け入れ，温度が高くなったことに相当する．

固体の場合

固体の場合は，原子・分子が空間を飛び回ることはできず，また回転も許

(a)　　　　　　　　　(b)

図 8・6　固体の場合の原子の振動
　　　　(a) 温度の低い状態．振幅が小さい
　　　　(b) 温度が高い場合．振幅が大きくなる

されない．したがって，考えるのは**振動**の運動エネルギーだけになる．

　固体においても，それぞれの原子と原子がバネで結合されていると考えることができ，このバネが伸び縮みして，原子が振動しているものととらえることができる．この様子をモデル的に**図 8・6**に示した．

　ただし後述のように金属結晶においては，また別の事柄を考慮しなければならなくなる．

(2)　熱が伝わるメカニズム

　上のように，様々に蓄えられた運動エネルギーが伝わることが**熱伝導**，すなわち，熱が伝わるということである．

　気体の場合は，原子・分子が空間を自由に飛び回り，エネルギーの高い原子・分子の運動が，熱を伝えるということになる．

　一方，固体の場合，原子・分子は空間を飛び回ることはできず，回転することもできない．このため熱エネルギーは，振動の運動エネルギーとしてのみ蓄えられることになる．図 8・6 (b) のような振幅の大きな振動が，原子の間を伝わっていくことによって，熱が伝わるということになる．

　特に金属の場合には，振動のほかに，また別のメカニズムが考えられるのであるが，これはすぐ後で述べることにする．

(3) 共有結合性結晶の熱的特性

共有結合性結晶の代表であるダイヤモンドは，熱をよく伝える．全ての物質の中で，最も熱伝導性の良いものの1つに数えられるほどである．

ダイヤモンドでは，共有結合したC－Cの振動として熱エネルギーが蓄えられ，その振動が次々に伝わっていく．結合はどこまでも続くので，原子の振動，すなわち熱エネルギーは速やかに伝わっていく．

(4) 分子結晶の熱的特性

分子結晶の場合には，分子と分子との結びつきが弱いので振動，すなわち熱エネルギーは伝わりにくい．したがって分子結晶の熱伝導性は良くない．

(5) 金属結晶の熱的特性

さて金属結晶では，いささか事情が異なる．これまで固体の場合は，もっぱら振動が熱の"仲介者"であると述べてきたが，金属結晶では**自由電子**がこの役割を担う．

7・4節で述べたように，金属結晶の中では，原子と原子の間を電子が活発に動き回っている．この自由電子の並進運動が熱を伝える役割を果たしており，かつ，その動きが活発なので，金属は熱を伝えやすいことになる．

　金属に熱エネルギーを加えると，この自由電子の並進運動の速度が増すのだと考えてよい．

8・3・3　物質の電気的特性

3・2節と6・3節において，電子やイオンの移動が，そもそも"電気が流れる"という現象であることを述べた．では，物質の中において"電気が流れる"ということは，どのようなことであろうか．またそのときのメカニズムは，どのようなものなのであろうか．

物質，特に固体中の電気伝導も，その原因は主として電子やイオンの移動によるものである．もちろん，それぞれに特有な電気的特性を示すが，それらは結合によって生み出されるものである．

(1) 金属結晶の電気的特性

金属結合は，たくさんの原子の間を少数の電子が動き回ることによって作り出されている．電子が動くことが電気伝導に他ならないから，金属結晶は，よく電気を通すことになる．

また，結合の共有結合性が大きくなると，電気伝導性は小さくなる．これは89ページで述べた，力学的強度の場合と逆の関係である．力学的強度の場合には，共有結合性が大きくなるほど特性が増していた．

(2) 共有結合性結晶の電気的特性

共有結合性結晶については，そこに含まれる共有結合がシグマ結合であるか，パイ結合であるかを区別した上で考察することにしよう．

シグマ結合の場合

シグマ結合でできている結晶は，一般的には電気を通しにくく絶縁体になる場合が多い．これはシグマ結合にあずかる電子が，結合を作っている原子の間にだけ局在して，自由に動けないためである．

さて上で"絶縁体になる場合が多い"と述べたが，これは，具体的にはどのようなことであろうか．実際の例として，ダイヤモンドは絶縁体といってもよいが，しかし，同じ構造，結合の仕方をしたケイ素 Si やゲルマニウム Ge の結晶は代表的な半導体になるという事実がある．この違いは，どこから来るのであろうか．

実は同じシグマ結合でも，Si 結晶や Ge 結晶の結合距離は，ダイヤモンドの結合距離に比べて長い．この結合距離の違いが，電気伝導性の違いを生み出すのである．

つまり結合距離が長くなると，シグマ結合は弱くなる．弱い結合は切れやすいので，Si や Ge の結晶中には，少数ではあるが，切れた状態の結合が存在する．ここで，もともとは切れた結合にあずかっていた電子が，原子の間を移動していくという振る舞いをする．この電子の移動が，"電気を伝えた"ということになるのである．ただし切れた結合の数は少なく，すなわち電気

を伝える電子の数は少ないので，電気伝導率は小さく，半導体にとどまることになる．

なお結合の切断は，温度が高いほど起こりやすい．半導体の電気伝導率が，温度が高いほど大きいことは，このような電気伝導のメカニズムから理解できるであろう．また半導体は上で述べたように，温度の上昇と共に電気伝導率も上昇するが，金属の場合は逆であり，温度が上昇すると電気伝導率が低くなる．

パイ結合の場合

次に，パイ結合からできている結晶について考える．ここでは特に，共役系のパイ電子を考えることにする．

共役系のパイ電子は，共役系の端から端まで動くことができる．このような系が2次元空間いっぱいに広がったのが**グラファイト**である．その構造を**図8・7**に示した．

グラファイトは電気をよく通す．しかし，それは共役系のパイ電子が運動する方向についてだけであって，その直角方向には電気を通しにくい．

グラファイトは**黒鉛**とも呼ばれる．また図8・7からも分かるように，グラファイトは層状構造をしており，薄く剝がれてくる．パイ電子は，この層に沿った方向に運動している．

同様に共役系のパイ電子の働きによって，ベンゼン環が多く集まった化合

図8・7　グラファイトの構造

ビオラントロン　　　　　　　　フタロシアニン

図 8・8　半導体になるベンゼン化合物の例

$$\text{--}(\text{CH}=\text{CH})_n\text{--}$$

図 8・9　ポリアセチレン

物の中には電気伝導性を示すものがある．ただし電気伝導率はグラファイトほど大きくなく，半導体にとどまる．このようなベンゼン化合物の例を図 8・8 に示した．

さらに共役系が 1 次元に続くポリアセチレンも電気伝導性を示す．図 8・9 に示したこの分子は，日本の白川英樹博士（筑波大学名誉教授）が作り出し，アメリカのアラン・ヒーガー，アラン・マクダイアミッド博士と共に 2000 年度のノーベル化学賞を受賞することになったものである．

　　ポリアセチレンは，単結合と二重結合とが完全には均等化していないため良導体にはならず，半導体にとどまる．しかし，これにヨウ素などを添加すると，高い電気伝導性を示すようになる．

(3)　イオン結晶の電気的特性

イオン結晶はイオンからできている．しかし結晶であるため，その中のイオンは動くことができない．したがって，イオン結晶は電気を通さない．

しかし結晶を水に溶かすと，イオンは自由に動けるようになる．したがって，イオン結晶の水溶液は電気を通す．

8・3・4　物質の磁気的特性

3・2節で述べたように，磁性は電子が備えている特性であり，ミクロなレベルから発現する．電子は1個だけ，独立して存在しているときには強い磁性を示す．しかし原子の中に入ってしまうと，逆向きのスピンを持った電子と対になるために，磁性が打ち消されてしまうのであった．

それでも塩素原子は，対になる相手のいない電子（このような電子を**不対電子**と呼ぶ）を1つだけ持っていて，電子1個分の磁性を示すことができる．しかし，2つの塩素原子が共有結合して塩素分子を作ると，この1個の電子も対になってしまい，磁性は失われてしまう．

また6・4節で述べたように，鉄原子は1個だけ，独立して存在しているときには大きな磁性を持つ．しかし，それが集まって結晶になったとき磁性を示すかどうかは，鉄原子の集まり方による．互いに隣り合う原子のスピン磁気モーメントの方向が一致するように集まれば強い磁性を示すが，スピン磁気モーメントの方向を反対にして集合すると磁性は打ち消されてしまう．

さらに，磁性を示す結晶がたくさん集まって"塊"になったとき，常に強い磁性を示すかというと，そうではない．もしそうであるなら，我々の身辺にある鉄製の器具はお互いに引きつけ合って1つにかたまり，自由に使うことができないことになる．幸いそういったことは起こっていない．しかし一方で，強い磁石として利用される"塊"が存在することも事実である．

この鉄の例に見るように，磁性はミクロからマクロへの移行につれて現れたり隠れたり，様々に様相を変える面白い特性である．さらにくわしいことは第17章で述べる．

8・3・5　物質の光学的特性

6・5節で述べたように，光学的特性はミクロな特性であり，原子のレベルで理解される．しかしこれは，結合の存在によって一層多彩な広がりを見せることになる．ここでは6・5・2項でスキップした**光の吸収**と**物質の色**について考えることにする．

(1)　光の吸収と物質の色

"色がついている"ということは，その物質が太陽から来る白色光の一部を吸収してしまうことによって起こる現象である．例えば，物質が赤色の光を吸収してしまうと，それは緑色に見える．

　　白色光とは，全ての色の成分を含んだ光である．

では光の吸収は，どのようにして起こるのであろうか．これは6・5・1項で述べた光の放出と，ほぼ逆のプロセスになる．原子の場合，内側のエネルギーの低い原子軌道から外側のエネルギーの高い原子軌道へと電子が移動することによって光の吸収が起こる．分子などの場合には，上で考えた原子軌道の代わりに，7・3・3項で述べたような軌道について，同様な過程を考えればよい．

さて吸収される光の色，すなわち光の波長は，それぞれの原子や分子に特有である．上で述べた2つの軌道のエネルギー差 ΔE に相当する，波長 λ の光が吸収される．c を光の速さとすると，両者の間には以下の関係が成り立つ．

$$\Delta E = \frac{hc}{\lambda}$$

別のいい方をすれば，2つの軌道のエネルギー差が吸収される光の波長，すなわち物質の色を決めることになる．

　　波長 λ の代わりに，吸収される光の振動数 ν を用いれば，上の式は $\Delta E = h\nu$
　　となる．51ページを参照のこと．

(2) 分子の色

7・3・3項で述べたように，結合によって分子が作り出される際，新たに，原子にはなかった結合性軌道と反結合性軌道が生じる．結合の数だけ，そのような軌道が生じるので，多原子分子は原子にはなかった多くの，電子の詰まっている結合性軌道と，電子の詰まっていない反結合性軌道を持つことになる．

さて多くの場合，我々が観察する光の吸収は，図8・10に示すような結合性軌道から反結合性軌道への電子の移動によって生じるものである．すでに述べたように，この光の吸収が"色"の原因であり，また2つの軌道のエネルギー差は，結合状態によって様々に変化する．したがってその結果，物質の色も千変万化することになる．

> 上に述べたように，我々が観察する光の吸収が多くの場合，結合性軌道から反結合性軌道への電子の移動によって生じるものであるのは，電子の詰まっている原子軌道と電子の詰まっていない原子軌道の間のエネルギー差よりも，この2つの軌道のエネルギー差の方が小さいからである．

(3) 化合物の色

化合物の色は，その成分元素の色の重ね合わせにはならない．例えば，同じ炭素と水素だけからできていながら，ポリエチレンは無色であるのに，ニンジンの成分である β-カロテンは赤色をしている．これは，結合を作っている電子の軌道の性質によっている．

図8・10 光吸収

すなわち、シグマ結合だけからなるポリエチレンでは、結合性軌道と反結合性軌道とのエネルギー差が大きく、その差に相当する波長の光は紫外線領域にあって目に見えない。このため無色になる。一方、β-カロテンは長い共役系のパイ電子を持ち、結合性軌道と反結合性軌道とのエネルギー差は小さく、その差に相当する波長の光は可視光領域の中では波長の短い方に位置する緑色の光になる。このため赤色を呈するのである。

練習問題

1. 以下の代表例を挙げ、その物性を述べよ。
    (a) 金属結晶　　(b) 分子結晶　　(c) 共有結合性結晶
2. 次の機能を示す物質の例を挙げ、なぜ、その機能を示すかを述べよ。
    (a) 電気の良導性　　(b) 電気の半導性　　(c) 電気の絶縁性
    (d) 高い熱伝導性　　(e) 磁性　　(f) 有色性
3. 第14族元素において、炭素は非金属なのに、スズや鉛は金属になる。この理由を述べよ。
4. 次の各組において、力学的強度が小さいのはどちらと推定されるか。
    (a) Li と Na　　(b) Na と Mg
    (c) ダイヤモンドとゲルマニウムの単結晶
5. 金属アルミニウムと酸化アルミニウムは共に熱をよく伝えるが、そのメカニズムについて述べよ。
6. 金属アルミニウムは電気をよく伝えるが、酸化アルミニウムは絶縁体である。これはなぜか。
7. 同じ元素からできていても、物質は様々な色を示す。この理由を述べよ。

9

気体，液体，固体，液体と固体のあいだ

　物質は**気体**，**液体**，**固体**の状態で，我々が目で見，手に触れ，加工して利用する材料となる．モノを使う立場からいうと気体，液体，固体の違いは大きな意味を持っているように思われる．

　本章では気体，液体，固体を原子・分子のレベルで見るとともに，その特性を調べる．さらに，液体と固体の"あいだ"にある**ガラス**と**液晶**についても学ぶことにする．また，最近では**"アモルファス"**という言葉を聞くことも多くなった．これについても，ここで一括して扱うことにする．

9・1　気体，液体，固体のプロフィール

　物質は，原子・分子からできあがっている．逆のいい方をすれば，原子・分子が集合して物質になる．そして，物質は**気体**，**液体**，**固体**の状態で存在する．

　では気体，液体，固体といった状態を，原子・分子というミクロな視点から見ると，どのようにとらえることができるであろうか．図 9・1 を見ながら考えよう．

　まず**気体**の中では，原子・分子は，他の原子・分子に束縛されず空間を自由に"飛び回って"いる（もっとも，お互いどうしは頻繁に衝突している）．そして，それぞれの原子・分子の間の距離は大きい．

図 9·1 気体，液体，固体の模式図（固体は，特に結晶の場合を表している）

　一方，液体と固体は，原子・分子がお互いに接触し，密に詰まった状態にある（このような状態を**凝集状態**，また凝集状態になることを**凝集する**という）。液体と固体とで違う点は，固体，特に**結晶**では，原子・分子が一定の繰り返しで秩序正しく並び，その位置が固定されているのに対して，液体では，原子・分子がかなり自由に位置を変えているということである．

　なお以下の説明では，上で述べた原子・分子をまとめて**粒子**と呼ぶことにする．

9・1・1 気体

　気体において，粒子は互いに頻繁に衝突しつつ，空間を大きな速度で自由に運動している．

　このような粒子の運動の様子については 6・2 節も参照するとよい．

　また，粒子間の距離は大きい．

9・1・2 液体

　液体では，粒子は互いに接触し，密に詰まった状態にある．すなわち，凝集している．また，それぞれの粒子はかなり自由に位置を変えることができる．このことが，液体の流動性を生む原因となっている．

したがって液体が"さらさらしている"か"ねばねばしている"かは，液体中の粒子が，互いにどれくらい位置を変えやすいかによって決まる．粒子間に強い引力が働いていたり，分子が絡み合っていたりすると粒子どうしは互いに離れにくくなり，ねばねばした，すなわち**粘度**の高い液体になる．

上で述べた，分子の絡み合いが生じるのは高分子化合物の場合である．10・4節を参照のこと．

では粒子が凝集し，液体となるのは何が原因であろうか．それは，粒子と粒子の間に働く静電引力の存在である．

いま，分子を考えよう．7・3・5項で述べたように，"理想的"な共有結合においては，結合を作っている原子どうしが同じ大きさの力で電子を引っ張るので，電子はいずれの原子の近くに偏るということはなく，分子を外から見たとき，どこにも電荷の偏りは現れない．しかし，多くの"現実"の共有結合では，結合を作っている原子それぞれの電子を引っ張る力が異なるため，電子の偏りが生じる．電子が偏っている方はマイナスの電気を帯び，他方はプラスの電気を帯びる（この現象を**分極**といった）．つまり，1つの分子の中でもプラスの電気を帯びた部分とマイナスの電気を帯びた部分とがあるのである．

そのような箇所で，分子どうしが静電引力によって引き合うことが，凝集の生じる原因である．

大きな分極は，物質の電気的特性にも関係する．強誘電性は実用的にも重要な特性であるが，これは分極が原因である．くわしくは，16・6節で述べる．

水素結合

水 H_2O やメタノール CH_3OH は，分子量が小さいにもかかわらず室温で液体であり，同じくらいの分子量の化合物に比べて沸点が著しく高い．このことは H_2O，CH_3OH では，分子と分子とを結びつけている力が強いことを物語っている．その力の原因は"水素結合"という言葉で表現されることがある．

図9・2 水素結合．水の例

　水素結合はO－H，N－HなどのHが，他の分子のOやNに引きつけられてできる一種の結合とされる．しかしその本質は，プラスとマイナスの電気の引っ張り合い，すなわち静電引力である．
　水H_2Oを例に説明しよう（図9・2）．いま，あるH_2O分子に着目すると，その分子内部のO－H結合では，電子を引っ張る力の大きいOの方に電子が偏り，その結果Oがマイナスの，Hがプラスの電気を帯びることになる．さてここで，プラスの電気を帯びたHが，他のH_2O分子の，マイナスの電気を帯びたOに引きつけられるという現象が起こる．これが**水素結合**と呼ばれているものである．

　　この現象が，単なる静電的な相互作用と区別されるのは，水素原子の特殊性による．つまり，水素原子から電子を取り去って生じるプロトンH^+が他の陽イオンに比べ，著しく小さいということによる．H^+はその小ささゆえに，マイナスの電気を帯びた箇所に近づきやすい．こうして両者の距離が短くなるだけ，ひときわ強い静電的な相互作用が生じるのである．したがって，これを特に区別し，このように水素が関係する分子間の静電引力のことを，水素結合と呼ぶのである．

なお H$^+$ が他の陽イオンに比べて小さいのは，これが水素の原子核そのものであり，内殻に電子を持たないからである．他の陽イオンは内殻に電子を持つので，H$^+$ よりも大きくなる．

9・1・3 固体

ここでは固体のうち，特に結晶について考えることにする．

さて，粒子が凝集すると液体になることはすでに述べた．ところで同じ凝集状態でも，**結晶**になるためにはもう1つの条件が必要になる．それは集まってきた粒子が，秩序正しく並ぶことである．秩序正しく並ぶためには，対称性の良い粒子であることがよい．球は放って置いてもきちんと並ぶが，細長かったりでこぼこしたりしていては規則正しい配列ができにくい．

ダイヤモンドや水晶の場合には，結晶全体の原子が共有結合で結ばれ，規則的な原子の配列が必然的にできる．

9・2 気体，液体，固体によって決まる機能性

気体，液体，固体は物質の種類によらず，**状態としての機能**を示すことがある．

例えば，それぞれに力を加え圧縮してみよう．気体は外から力を加えると収縮する．力が2倍になると体積は1/2になる．液体と固体は，外から力を加えても体積はあまり変わらない．こうして見ると，気体と液体とは異なった点が多いように映る．

しかし，気体と液体とで似ているところもある．それは力の伝わり方で，気体と液体においては，力（より正確にいうならば，圧力である）は四方八方にまんべんなく，同じ大きさで伝わっていく（図9・3 (a)）．この性質は**図9・4**に示すように，実際の応用として油圧機に生かされている．なお，固体に加えられた力は，加えたその方向にしか伝わらない（図9・3 (b)）．

図9・3 気体と液体，固体における力の伝わり方
(a) 気体または液体の場合
(b) 固体の場合

左右が釣り合っているときは，断面積に比例した力がかかっている．Bに小さい力をかけてもAに大きな力が生じる．

図9・4 油圧機の原理

上で述べたような，気体に対して外から加える力を2倍にすると，体積は1/2になるという事柄を**ボイルの法則**という．一般には"一定量の気体の体積は圧力（単位面積当たりの力）に反比例する"という．

また上で述べた"圧力は四方八方にまんべんなく，同じ大きさで伝わっていく"という事柄を，液体の場合に特に**パスカルの法則**という．

9・3 液体と固体のあいだ ― ガラスと液晶 ―

9・3・1 ガラス

液体と固体のあいだに**ガラス**がある．

図 9·5　水晶の結晶

　二酸化ケイ素 SiO_2 について見てみよう．SiO_2 の結晶の1つは水晶である．水晶は**図 9·5**に示すような，きれいな形の結晶を作る．結晶の中では，ケイ素原子 Si と酸素原子 O は規則正しく配列している．この結晶を加熱していくと 1610 °C で融ける．

　SiO_2 の結晶形としては，水晶のほかにリンケイ石，クリストバル石などがある．水晶のほかに，**石英**という呼び名もある．石英のうち，美しい形のものを特に"水晶"と呼ぶようであるが，本書では特に区別せず用いることにする．

　さて，SiO_2 の細かい結晶であるケイ砂を融解したあと，冷やして固めると**石英ガラス**ができる．これは一定の形を持った結晶にならない．加熱していくと一定の融点を示さず，1600 °C くらいの温度で軟化する．その内部の原子の配列は，石英に比べて乱れている．窓ガラスに使われる**ソーダガラス**は，さらに構造の乱れたものである．SiO_2 の網目構造の一部が切れ，ナトリウムイオン Na^+ が入り込んでいる．石英，石英ガラスとソーダガラスの構造を模式的に**図 9·6**に示す．

　ところで，ガラスにおいて"原子の配列に規則性がなくなっている"こと

(a) 石英の構造の模式図　(b) 石英ガラス

・ Si^{4+}　○ O^{2-}　● Na^+
(c) ソーダガラス

図 9・6　結晶とガラスの構造

は，ガラスが液体と同じ構造であることを示している．ガラスは，いわば"液体の状態が固定化されたもの"であると考えてよい．つまりガラスは，粘度が極めて高い液体なのである．力を加え続けると，長い時間の間には曲がってしまうことがあるのは，液体の性質を示すものである．また，ガラスは"失透"といって突然に透明性を失い，脆くなって砕けてしまうことがある．これはガラスが，細かい結晶に変わってしまったことによる．細かい結晶になると，結晶の間の境界面ができる．その境界面で光が乱反射するため，光が透過しなくなるのである．液体と同じ構造のガラスには境界面がないので，光が透過する．

第10章で取り上げる高分子化合物の構造は，ガラスと似ている．高分子の中には長い鎖のような形をしたものがあり，またこれは長いだけでなく，ぐにゃぐにゃと曲がるので，"頭"や"尻尾"をそろえて整然と並べることが難しい．つまり乱れた構造をしていて，そのうえ隙間もたくさんあるので，自由に曲げることのできる材料になる．

ところで最近，利用の広まっている材料に有機ガラスと呼ばれるものがあ

図9・7 ポリカーボネート

る．これはプラスチックの一種で，具体的にはメタクリル酸メチルの重合物などである．衝撃には強いが硬くなく，表面に傷が付きやすい．飛行機の窓ガラスなどには有機ガラスが用いられている．最近は眼鏡のレンズも，こうしたプラスチックで作られるようになった．このような用途に用いるには表面に傷が付きにくく，屈折率の高いものが要求される．理想的な材料はまだできていないようだが，現在のところポリカーボネート（図9・7）が利用されている．

9・3・2 液晶

液体と固体のあいだにあって，その機能性が大活躍しているのが**液晶**である．"液晶"の名は"液体"と"結晶"から1字ずつをとって繋げたもので，その体を表している．

英語では，液晶を"liquid crystal"という．日本語以上に，まさしく"液体（liquid）"プラス"結晶（crystal）"である．

さて，液晶とはどのようなものであろうか．分子のレベルから検討を始めよう．

そもそも液晶を作る分子は，お互いどうしが引きつけ合って整列しやすい（すなわち，結晶のような秩序のある配列をとりやすい）構造を持つものである．例えばネマティック液晶を作る分子は縦長の棒状でプラス，マイナスの電荷を持っている．これらは静電引力によって引き合い，軸を揃えて並びやすくなっている．もっとも，頭と尻尾の位置はそろわない．

液晶には，上で述べた**ネマティック液晶**のほかに**スメクティック液晶**，ディ

(a) スメクティック　(b) ネマティック　(c) コレステリック　(d) ディスコティック

図 9・8　液晶の種類

スコティック液晶，コレステリック液晶などのタイプがある．それぞれを図 9・8 に示した．

　このように液晶分子は自然に集合して，ミクロにではあるが，秩序ある分子配列を作る．しかし，それを保つ力は小さいので，小さな刺激（例えば，電圧を掛けることなど）によって，秩序は失われてしまう．

　また，秩序ある構造を持った液晶の溶液と普通の溶液との機能面での決定的な違いは，液晶溶液が結晶と同じく，構造や性質に方向性を持つのに対して，普通の溶液には方向性がないことである．これは，普通の溶液中では溶質分子がばらばらな方向を向いていることが原因である．

　　構造や性質に方向性を持つことを，**異方性**を持つという．反対に方向性のないことを**等方性**であるという．

液晶ディスプレイ

　液晶分子は，縦方向と横方向とで性質が異なる．例えば，縦方向から来た光は吸収するのに，横方向から来た光は素通りさせたりする．液晶ディスプレイによる表示は，液晶の秩序ある分子配列とその破壊，配列した分子の異方性とを利用している．

　次に，単純化した形で液晶表示の原理を説明しよう．

9・3 液体と固体のあいだ ― ガラスと液晶 ―

図 9・9 液晶ディスプレイの作動原理の一例
(a) オフの状態
(b) オンの状態

図 9・9 を見てほしい．液晶は溶液にして 2 枚の電極基板（これは電気伝導性を持ったガラスで，導電性ガラスと呼ばれる）の間で，薄い層になるように挟み込まれて使用される．

　この薄い層の厚さはおよそ 3～7 μm である．分子量 200 から 500 程度の液晶分子の長さはおよそ 10～100 Å くらいなので，厚さ 5 μm の薄い層の間にも 100 個くらいの液晶分子が並ぶ計算になる．
　なお単位 μm は"マイクロメートル"と読む．1 μm = 10^{-6} m である．"ミクロン"ということもある．

　この薄い層の中で，液晶分子は基板に沿って自然に配列する．仮に，この分子を縦に配列したときは光を通さないが，横に配列したときには光を通すものとしよう．こう仮定すると，図 9・9 (a) のように下側の基板の方から光を当てたときには，分子が横に整列しているので光を通し，液晶溶液は透

明に見えることになる．ところが，ここで図9・9（b）のように，電極基板に電圧を掛けると配列が乱れ，分子はいろいろな方向を向いて，縦に配列した液晶分子が現れるようになる．このような分子は光を通さずに遮るから，したがって，電圧を掛けた部分だけが黒くなって見えることになる．

　斜めの方向を向いた液晶分子も，その傾斜に応じて光を吸収する．

　色を出すためには，色のついた液晶物質を使うことになる．このとき，色素自体に液晶になる性質がなくても，次のような工夫で色を制御することができる．すなわち，液晶分子と色素分子とを混ぜておき，液晶分子の動きによって，その間に挟まった色素分子の姿勢を制御するのである．色素分子も方向によって光吸収が異なるので（実際には，そのような分子を選ぶのである），色が出ることになる．

　液晶ディスプレイの仕組みについて，以上では光吸収だけに基づいて説明を行った．実際には偏光と呼ばれる現象を利用しているが，本質的な点で変わりはない．

9・4　アモルファス

　最近"アモルファス"という言葉を聞くことが多くなってきた．アモルファスとは"無定形"を意味する．はっきりとした形を持っている結晶に対して，形の定まらない固体を**アモルファス**という．電卓などの光電池にも使われているから，"アモルファスシリコン"という言葉を耳にしたことがある読者もいるであろう．

　アモルファスシリコンは，気体のケイ素化合物 SiH_4 を分解して得られた原子状のケイ素を，基板の上に沈降させて作る．このような作製方法は**CVD法**（または化学気相蒸着法という．なおCVDとはChemical Vapor Depositionの略である）と呼ばれ，アモルファス物質を作る重要な方法の1つとなっている．CVD法によるアモルファスシリコンの製造法を，**図9・10**

図9・10 CVD法によるアモルファスシリコンの製造

に示した．

　CVD法によって，より広い面積を持つシリコンの薄膜を得ることができる．
　なお**薄膜**とは，文字通り"薄い膜"のことである．
　なお最近では，アルコールを分解することによってアモルファスのダイヤモンドも作られている．これまで，ダイヤモンドは高温高圧下でないと生成しないと信じられてきたが，CVD法を使うことによって，アルコールなどから，常圧下でアモルファスダイヤモンドができるようになったのである．装置も簡単で，1万円程度のものだという．

　さてアモルファスというのは，そのマクロな外見が結晶と異なって"無定形"であることから，その名で呼ばれているのだと最初に述べた．しかしミクロな構造を見ると，その原子配列には結晶と同じ規則性があって，実は全体が，微小な結晶のくっつきあったものであることが多い．上のようなCVD法で得られたアモルファスシリコンも，そうなっている．

　したがってアモルファスシリコンは，基本的にはシリコン単結晶と同じ機能を示すことになる．光起電性もその1つである．CVD法によれば，セラミックスや合成樹脂の膜を基板として，その上にアモルファスシリコンを蒸着することができるので，アモルファスシリコンのシートや瓦を得ることができる．光起電性を示すこうしたシートを使ってソーラーカーを作ったり，

瓦を使って自家発電を行うこともできる．

アモルファスシリコンは薄膜として大面積のものが得られ，加工しやすい（例えば自由に裁断でき，折り曲げることができる）といった長所を持つ反面，結晶が不完全なため，特性が単結晶に劣るという短所がある．

単結晶とは，ここではほぼ"結晶"と同じ意味と考えておいてよい．しかしまた，第11章以降のように，**微結晶**の対語として用いられることもある．

練習問題

1. 次について具体的な物質を挙げ，その構造，特性，利用について簡単に説明せよ．
    (a) ガラス　　(b) 液晶　　(c) アモルファス
2. 水晶と石英ガラスは，どのように異なるか．
3. 大気圧のもとで，水が固体（つまり氷），液体（水），気体（水蒸気）になるとき，体積はどのように変化するか．
4. 石油はガソリン，灯油，重油となるにつれて粘度が高くなる．これは，なぜか．
5. 液晶材料は高価である．いま密度 $1 g/cm^3$ で，$1 g$ 当たり 1000 円の液晶を使い，面積 $0.1 m^2$，厚さ $5 \mu m$ の液晶ディスプレイを作るとする．このディスプレイに使われる液晶の価格はどれほどになるか．ただし実際には，液晶は溶媒と混ぜて利用されるが，ここでは液晶が 100% であるとして計算せよ．

10

高分子化合物

高分子化合物，あるいは**ポリマー**という言葉を聞いたことがないという読者は少ないであろう．身の回りは高分子化合物で満ちあふれている．

高分子化合物は我々に多くの利便をもたらしてくれる一方で，同時に廃棄物などの困難な問題をも引き起こしている．生物が分解できず，またポリ塩化ビニルの焼却処理の際に，ダイオキシン類などの有害物質が発生するなどといった話題を耳にしたことがあるであろう．現代人の生活は，良かれ悪しかれ，高分子化合物の強い影響下にある．

しかしよく考えてみると，人間をはじめ動物，植物の主要な部分は，全て高分子化合物によってできあがっている．生物は高分子物質そのものである．したがって職業人として行動するときも，一般市民として行動するときも，高分子化合物についての理解は，我々にとって必要不可欠なものなのである．

10・1　高分子化合物の種類と成り立ち

高分子化合物という言葉を文字通りに受け取れば，"分子量の大きい化合物"ということになる．どの程度から"大きい"といえるのか，ということについての決まりはない．

高分子化合物のうち，長いものの代表は，生物の遺伝情報をつかさどる

DNA である．DNA は長さ数メートルに達することがあり，そこでは 10 億個以上の原子が繋がっている．

"大きい"とはいえ，高分子化合物の構造が無秩序であることはほとんどない．生物が作り出す天然の高分子化合物はもとより，人工的に作り出されたものも，その構造は，一定の規則性を持ったものばかりである．この規則性は，実際には構造の繰り返しである場合が多い．この"繰り返し"に注目して，この構成単位を**モノマー**（"モノ"は"単一の"を意味する．モノマーは低分子化合物である）と呼び，一種あるいは数種のモノマーが繋がったものとして，高分子化合物を**ポリマー**（"ポリ"は"多数の"を意味する）と呼ぶこともある．**図 10・1** に，代表的なモノマーを示した．

低分子化合物とは，文字通り"分子量の小さい化合物"である．**高分子化合物と異なり，分子量は一定している．**

図 10・1　ポリマーの例．[ ] 繰り返し単位

10・1 高分子化合物の種類と成り立ち

なお，生物由来の天然高分子化合物は構造すなわち原子配列が，分子量も含めて，ただ1つのものにきっちりと決まっている．この，ただ1つに決まるという点から，DNAによる間違いのない遺伝情報の伝達，酵素などの正確な働きが生み出されている．人工的に得られる合成高分子化合物では，分子量をきっちりと制御することは困難であるが，モノマーの特性によって，それぞれの機能性が生み出されている．

代表的な高分子化合物を表10・1に示した．

表10・1に見るように，高分子化合物としては有機化合物が一般的である．本章でも，こうした有機高分子化合物を中心に話を進めるが，10・5節では，これとは少し性格の異なった高分子化合物を取り上げることにする．

表10・1 代表的な高分子化合物

名称	構造の繰り返し単位	由来	実際の例や用途など
タンパク質	アミノ酸	生物	動物の筋肉，酵素
6-ナイロン	アミノ酸	人工	合成繊維，フィルム，チューブ
DNA	ヌクレオチド[a]	生物	遺伝子
RNA	ヌクレオチド[b]	生物	遺伝子
セルロース	グルコース	生物	植物の骨格，木綿，紙
ポリエチレンテレフタレート(PET)[c]	エチレングリコールとテレフタル酸のエステル	人工	ペットボトル，合成繊維，フィルム
ポリエチレン	エチレン	人工	包装用フィルムをはじめ，汎用される
ポリ塩化ビニル	塩化ビニル	人工	包装用フィルムをはじめ，汎用される
ポリメタクリル酸メチル	メタクリル酸メチル	人工	有機ガラス
ポリカーボネート	炭酸エステル	人工	有機ガラス，フィルム
炭素繊維	グラファイト構造の炭素	人工	ゴルフクラブ，釣り竿

[a] 核酸塩基とデオキシリボースとリン酸とからなる
[b] 核酸塩基とリボースとリン酸とからなる
[c] ポリエステルの一種

図 10・2　デンドリマーと天然ゴム

10・2　高分子化合物の構造

　高分子化合物には，鎖状に 1 次元方向へ伸びた構造を持つものと，2 次元あるいは 3 次元に平面的あるいは立体的に広がった構造のものとがある．また最近では図 10・2 に示したような，デンドリマーと呼ばれる，樹枝状に広がった構造の高分子化合物が注目されている．なお，これらのうち最も一般的なのは，鎖状の 1 次元高分子化合物である．

　ところで，すでに前節でも述べたように，生体を作っている鎖状の 1 次元高分子化合物であるタンパク質や DNA などは，分子が巨大であるにもかかわらず，その構造が端から端まできっちりと決まっている．DNA などは長さ数メートルに達するものがあるが，1 人の人間が持っている DNA は，全て同じ構造である．タンパク質についても同様で，いろいろな種類のタンパク質がそれぞれ独自の原子配列を持ち，特有の機能である酵素作用を生み出している．一方，人工的に得られた鎖状の 1 次元高分子化合物は，その長さを一定にすることはほとんど不可能で，ある長さの範囲に分布した分子の混合物になっている．これらの比較を図 10・3 に示した．

10・3　高分子化合物の性質はどのようにして決まるか

　高分子化合物としての性質を決める要因としては 2 つある．1 つ目の要因

10・3 高分子化合物の性質はどのようにして決まるか　　　　119

天然高分子
長さも形もそろっていて
結晶になりやすい

合成高分子
長さも形もそろっておらず
無定形

図 10・3　天然高分子化合物と合成高分子化合物

は，**分子が大きい**ということであり，もう1つは，**分子がどのような特性基を持つか**ということである．

特性基とは，特有な性質を発現させる原子の一団のことである．例えば，$-OH$，$>C=O$，$-COOH$，$-NH_2$ などが挙げられる．

（1）　分子が大きいことによって生じる性質

"高分子"であることによる特性とは，どのようなものであろうか．すなわち，"大きな"分子の化合物と低分子化合物との間には，どのような性質の違いがあるのであろうか．

第1に，分子が大きくなると低分子化合物に比べて，水などの液体に溶けにくくなる．木綿などの**セルロース**は，**グルコース**が繋がってできている．構成単位であるグルコースは水に溶けやすいのに，セルロースは水に濡れるものの，溶けることはない．これは分子が長くなると高分子どうしが集まろうとして，小さい分子である水や有機分子との親和性が減少してしまうためである．

グルコースは，一般に**ブドウ糖**とも呼ばれる．

第2に，長く大きな高分子は，結晶を作りにくい．特に合成高分子化合物では，そうである．"結晶を作る"ということは，分子が規則正しく配列す

ることである．分子が小さいときには，それぞれの分子の"頭"と"尻尾"がはっきりしており，分子の長さも短いので，それらをそろえて規則正しく並びやすい．しかし分子が大きく長くなると，それぞれの"頭"や"尻尾"と"胴"の区別がはっきりしなくなり，1つの分子の"胴"に他の分子の"頭"がくっついたりして，規則正しく並ぶことのできるチャンスが少なくなる．また，合成高分子化合物では分子の長さが一定でないので，"頭"と"尻尾"とをそろえた規則的な配列ができない．また，長い分子はグニャグニャと曲がってしまうため，分子と分子との間に隙間ができやすく，これも規則的な配列を妨げる要因となる．

　生物由来の高分子化合物では完全に構造がそろっているうえ，分子の要所要所に一定の形を保つための仕掛けがあるため，きっちりとした立体構造をとりやすくなっている．図 10・4 に示すように，タンパク質や DNA はきれいならせん形の立体構造をとっており，結晶になるものも多い．

　なお，上で述べた"一定の形を保つための仕掛け"とは，特定の原子の一団どうしの相互作用に基づく弱い結合である．

(2) 特性基を持つことによって生じる性質

高分子化合物の性質は，その分子が持っている特性基によっても支配され

タンパク質の作る
ラセン構造
α-ヘリックス

ミオグロビン

ヘモグロビン

図 10・4　タンパク質のらせん構造

る．特性基とは，ある特有な性質を発現する原子の一団である．例えばヒドロキシ基 － OH はアルコールやフェノールの構成要素で，水に対する親和性を生み出す．また，カルボキシ基 － COOH を持つものは酸性で，水に対する親和性がある．

ここで注意しなければならないことは，特性基は，モノマーがもともと持っていたものだけに限らないということである．ポリマーとなるときに，モノマーどうしの接合部に新たに生じる特性基も存在するのである．ナイロンに含まれるアミド基 － CONH － は，この良い例である．

なお，モノマーの特性基が示す機能は，そのままポリマーにおいても発現する．

10・4 高分子化合物が持つ機能

高分子化合物と低分子化合物の機能の違いは，主として力学的特性に現れる．隙間の多い非結晶的な構造によって，高分子化合物は外から加えられた力に対して，柔軟に曲がることができる．また，長い分子を強い共有結合によって連結し，分子どうしも長い接触面と絡み合いとで結びついて，引っ張りの力に対して強く抵抗するようになる．さらにセルロースでは，水などに濡れてしっとりとすることはあっても，溶けることはない．柔軟性と強度とが要求される肌着や，洋服の繊維に高分子化合物が利用される理由である．

その一方で，適当に分子構造を選べば，剛直な高分子化合物を作ることもできる．ベンゼン環がアミド結合で繋がったケブラーは，硬く強い．

　アミド結合とは － CO － NH － の形をした結合である．

図 10・5 に，柔軟な高分子化合物の例としてポリエチレンを，剛直なものの例としてケブラーの構造を示す．

なおポリマーが示す電気的特性，磁気的特性，光学的特性については，構成要素であるモノマーのそれを引き継いでいる場合が多い．

(a) ポリエチレン（軟らかいポリマー）　　（b) ケブラー（剛直なポリマー）

図 10・5　柔軟な高分子化合物ポリエチレンと剛直な高分子化合物ケブラー

10・5　炭素繊維とガラス繊維

これまで主に取り上げてきた，一般の有機高分子化合物とは少し性格が異なるが，ここで，将来ますます重要になると思われる炭素繊維とガラス繊維とについて触れておこう．

(1)　**炭素繊維**

炭素繊維は，グラファイト構造の炭素が，繊維状に長く繋がったものである．ポリアクリロニトリル $-(CH_2-CH(CN))_n-$ などの繊維を引き伸ばし，分子の方向をそろえた後で，高温で分解，炭化して作る．炭素繊維の構造モデルを**図 10・6**に示した．

炭素繊維の特長としては，縦方向の強度が非常に大きいことが挙げられる．これは，グラファイトの強い共有結合が原因である．もう1つの特長は軽いことで，単位質量当たりの強度は，鉄などの金属よりも大きくなる．

このような炭素繊維は，高分子化合物である合成樹脂と組み合わされ，構造材料として用いられる．鉄筋コンクリートの鉄筋の役割を炭素繊維が，コンクリートの役割を合成樹脂が果たすのである．こうした材料が，ゴルフクラブのアイアンに使用されていることを承知の読者も多いであろう．最新鋭の航空機の機体にも炭素繊維が使われるようになった．

(2)　**ガラス繊維**

ガラスも，細く引き延ばされると強い繊維になり，**ガラス繊維**と呼ばれる材料が得られる．強度が大きいのは，ガラス繊維中に $-Si-O-Si-O-$ という，強い共有結合が存在するからである．特に，石英から作った

10・5 炭素繊維とガラス繊維

図 10・6　炭素繊維の構造

石英ガラス繊維は強度が大きい．

　ガラス繊維は，炭素繊維と同じように合成樹脂と組み合わされて強度の大きな構造材料として利用されるほか，**光ファイバー**としても用いられる．これは図 10・7 に示すように光を通しやすく，また屈折率が高いため，中の光を境界面で全反射して外に洩らさないというガラスの機能を利用したものである．加えて繊維状になったことで，しなやかで自由に曲げることができるようになり，くねくねと曲がったところへでも光を導き通すことができるようになった．光ファイバーは，これからますます発展する光通信で，中心的

ファイバーの界面で光は全反射する．
表面にコーティングをしたりして
全反射の効率をよくする工夫をしている．

図 10・7　光ファイバーの中を伝わる光

な役割を果たすであろう．

　特性は異なるが，有機合成高分子化合物を細く引いて，光ファイバーを作ることもできる．

10・6　ポリマーアロイ

　金属を混ぜ合わせることで合金ができるように，ポリマーを混ぜ合わせることで**ポリマーアロイ**が得られる．ポリマーアロイとは何種類かのポリマーが，マクロに見て，均一に混ざったものである．

　ポリマーアロイをミクロに見ると，不均一な構造をしていることもある．なお，"アロイ"とは"合金"という意味である．

　このような状態では，元々のポリマーにはなかった優れた性質が発現することがある．例えば，ゴムは弾性が高いが硬さがない．ポリスチレンは硬いが脆い．このようなとき，ゴムとポリスチレンを適当な割合で混ぜ，ポリマーアロイを得ると，それが，硬くて耐衝撃性が大きいという優れた機能を持った材料になることがある．

練習問題

1. 次の高分子化合物は材料として，身の回りのどのようなところで利用されているか．
    (a) ポリエチレン　　(b) ポリプロピレン
    (c) ポリエチレンテレフタレート　　(d) ポリスチレン
    (d) ナイロン
    (**ヒント**：ポリエチレンテレフタレートは，PETと略称されることが多い)

2. メタン，ヘキサンなどの低分子化合物と，高分子化合物であるポリエチレンとは，どのように性質が異なるか．

3. パラフィンろうとポリエチレンとは，どのように性質が異なるか．
4. シリコン樹脂（シリコーンと呼ばれることも多い）の構造と特性について述べよ．

11

セラミックスとセメント，合金

　無機材料として**金属**とともに重要なのは**セラミックス**と**ガラス**，それに**セメント**である．これらの多くは，化学的には金属の酸化物，あるいはケイ素などの非金属の酸化物である．

　また，セラミックスやセメントとは性格が異なるが，無機材料として同じように重要な**合金**も，本章で扱うことにする．

11・1　セラミックスとガラス，セメントの特性

11・1・1　セラミックスとガラス

　"セラミックス"という言葉は大変現代的であるが，**セラミックス**そのものは，太古の昔から土器，陶器や磁器として人類が利用してきたものである．

　また，セラミックスと化学成分が似た材料として**ガラス**がある．両者の違いは成分ではなく，物質としての"状態"にある．

　セラミックスは，ケイ素や金属の酸化物の小さな結晶を焼き固めたもので，ミクロに見ると結晶であるが，マクロに見ると小さな結晶の粒の集まりである．つまり，全体としてはひと繋がりになっておらず，それぞれの結晶の微粒子の間には境界が存在している．一方，ガラスは9・3・1項で述べたように"液体の状態が固定化されたもの"なので，その中に境界を含まな

い．セラミックスとガラスの機能の違いは，この境界の有無から生じる．

　上で触れた"小さな結晶の粒"や"結晶の微粒子"のことを，結晶粒あるいは微結晶などと呼ぶ．

境界の有無が，力学的特性に及ぼす具体的な影響を考えよう．

セラミックスでは焼き固められることにより，その内部で微結晶どうしが接触した部分が焼きつけられる．しかし実は，この融合は完全とはいえない．そこで外から強い力が加わると，この境界のところで割れてしまうことになる．すなわち，境界の存在が力学的強度を小さくするのである．

　したがって化学成分が同じでも，全体がひと繋がりで境界のない結晶として存在するときに比べて，セラミックスとして存在するときの方が力学的強度は小さい．

また境界の有無は，光学的特性にも影響を与える．

例えば，二酸化ケイ素 SiO_2 の結晶である水晶は透明なのに，SiO_2 の微結晶の塊である陶磁器は不透明である．これは陶磁器の場合，内部に入射した光が微結晶の境界で乱反射され，再び外へ出てこないためである．

実際に，境界のない石英ガラスの例を挙げると，光学的には結晶である水晶と同様に透明であり，また，その力学的強度も水晶とほとんど変わらない．

　本項では，セラミックスとガラスの一般的な特性を"状態"に基づいて考察してきた．実際においては，個々の性質はその化学成分によって変化する．これについては 11・2 節であらためて考えよう．

11・1・2　セメント

セメントは，なじみの深い材料である．現在最もよく使われているのは**ポルトランド・セメント**と呼ばれているもので，これは $2\,CaO\cdot SiO_2$ と $3\,CaO\cdot SiO_2$ とを主成分とし，ほかに少量の $3\,CaO\cdot Al_2O_3$，$4\,CaO\cdot Al_2O_3\cdot Fe_2O_3$ などを含む複雑なものである．

図11・1 固まったセメントの模式図

(ラベル: 反応初期／凝結／硬化、未水和セメント粒子、Ca(OH)$_2$、エトリンガイド、C-S-H)

$2CaO\cdot SiO_2$ とは，酸化カルシウム CaO と二酸化ケイ素 SiO_2 との2：1の複合体のことで，C_2S と略記されることもある．

同様に，$3CaO\cdot SiO_2$ は CaO と SiO_2 の3：1の複合体で，C_3S と略記される．

セメントは水を加えると固まる．固まって何ができるかは"化学"の立場からは，あまりすっきりとした答が出ていないが，図11・1 に示すような，次のようなことが考えられている．まず，酸化物に水が反応して水和物ができる．続いて，この水和物が寒天の固まったようなゲル状になって，糊のように砂利の周囲を固めるのである．

セメント自体は軟らかく，すり減ったりしやすい．このため実際には，硬い砂利や石などを骨材として混ぜたうえで利用される．

11・2 成分による特性の変化 ── ケイ素や金属の酸化物と新素材 ──

セラミックスとガラスの一般的な特性が"状態"から生まれるものであることを 11・1・1 項で述べた．しかし，個々のセラミックスやガラスの特徴的な機能は，その化学成分によって変化する．

"セラミックス"や"ガラス"，"セメント"と呼ばれてきたものの成分は，主として金属の酸化物，あるいはケイ素などの非金属の酸化物であった．具

体的には"セラミックス"や"ガラス"では二酸化ケイ素が，"セメント"では二酸化ケイ素と酸化カルシウム，およびその水酸化物が主成分であった．ここで"であった"と，あえて過去形で書いたのは，最近，ニューガラスや機能性ガラス，ファインセラミックスなどと呼ばれる，新しい優れた機能を持ったガラスやセラミックスが，新素材として作られるようになってきたからである．

本節ではまず，ケイ素や金属の酸化物の構造と基本的な特性をまとめ，その後で**ニューガラス**や，**ファインセラミックス**について考察する．最後に，金属の酸化物が示す新しい機能として注目される超伝導性について触れる．

11・2・1　ケイ素や金属の酸化物の構造と特性

ここではケイ素の酸化物として二酸化ケイ素を，金属の酸化物として酸化アルミニウムを取り上げよう．

さて，純粋な二酸化ケイ素 SiO_2 の単結晶の1つが水晶である．水晶の中では，ケイ素 Si と酸素 O とが交互に結合して，3次元に広がっている．すでに8・2・1項で述べたように，Si と O との結合は共有結合性が大きく，また水晶の構造はダイヤモンドに似ている．

　　SiO_2 の結晶としては，ほかにクリストバル石などがある．

ところで図 11・2 に示すように，酸化アルミニウムも，これとよく似た構造を持っている．天然にはルビー，サファイアの結晶として産出する．それぞれの原子は，共有結合性の大きな結合によって結びつけられている．

　　ルビーの赤色は不純物として少量含まれる Cr^{3+} の色であり，サファイアの青
　　色は不純物として少量含まれる Ti^{4+} の色である．

これらの構造から，二酸化ケイ素と酸化アルミニウムについて，**表 11・1** に示す特性が生まれる．

● Al ○ O

図11・2 酸化アルミニウムの構造（酸化アルミニウムは天然では色の原因となる遷移金属イオンを溶かしてルビーやサファイアになる）

表11・1　二酸化ケイ素と酸化アルミニウムの単結晶の特性

力学的特性	共有結合性の大きな結合からなるので，力学的強度が高い
熱的特性	結合を通してエネルギーが伝わっていくので，熱伝導性はかなり良い 酸化物であり，それ以上酸化されないので不燃性であり，融点も高い，すなわち，耐熱性が高い
電気的特性	自由電子が存在しないため，電気伝導性は小さい
光学的特性	光に対して透明である

11・2・2　ニューガラスとファインセラミックス

　ガラスとセラミックスは美しく，また成形が容易で様々なものを作り出すことができる．そのうえ汚染されにくく，汚れは水や石鹸で除去することができ，その美しさを保つことも容易である．これらの長所から，ガラスとセラミックスは日常生活において広く利用されてきた．

　耐熱性，耐薬品性，耐摩耗性，絶縁性などもこの材料の魅力である．特にガラスでは，透明性や屈折性などの光学的特性も重要である．しかし，これらの材料はこれまで，力学的な衝撃に弱く，壊れやすいという欠点を抱えてきた．

　現在，ガラスとセラミックスは，このような力学的な欠点を克服すると同

11・2 成分による特性の変化 — ケイ素や金属の酸化物と新素材 —

時に，従来，これらの材料が備えることはできないであろうと考えられてきた機能までも備え，**ニューガラス**，**ファインセラミックス**などと呼ばれて，広い利用が展開されている．

例えば，脆いというセラミックスの性質は，原料の粉体を微粒子にして焼き固めることによって改善することができた．こうして，大きな力の掛かるエンジンをも作り出すことができるようになり，またセラミックスの人工骨も実用化されつつある．

成分に注目すると，ニューガラスやファインセラミックスには典型金属だけでなく遷移金属も，また酸化物だけでなく窒化物，炭化物，ホウ化物なども利用されている．

ガラスやセラミックスの原料となる物質の化学式と特性を**表 11・2** にまと

表 11・2　ガラスやセラミックスの原料

物質名	特性など
二酸化ケイ素 SiO_2	純粋なものの結晶形の 1 つが水晶である．力学的強度が高い
酸化アルミニウム Al_2O_3	アルミナとも呼ばれ，少量の Cr^{3+} を含んだ結晶がルビー，Ti^{4+} を含んだ結晶がサファイアである．融点が高く，耐熱性が高い．また，力学的強度が高い
酸化ホウ素 B_2O_3	ホウケイ酸ガラスの原料である
酸化チタン TiO_2	チタニアとも呼ばれる．光沢のある白色をしており，白色顔料として用いられるほか，光触媒として大気汚染物質の分解，殺菌などに利用される
酸化カルシウム CaO	白色の脆い固体．水と激しく反応して水酸化物に変化する．セメントの原料でもある
酸化ジルコニウム ZrO_2	ジルコニアとも呼ばれる．融点が高く，膨張率は小さく，耐熱性が高い
炭化ケイ素 SiC	硬くて強いうえ，この特性が高温まで損なわれない．また熱伝導性が良く，急激な温度変化にも強く，軽量である．特に α-SiC は，光に対して透明である
窒化ケイ素 Si_3N_4	高温でも高い力学的強度を保ち，急激な温度変化に対しても強い

めた．これら原料の特性は，できあがったガラスやセラミックスの特性に反映する．

11・2・3　金属の酸化物が示す超伝導性

一般に，金属の酸化物は絶縁体であるが，1970年，ある種の金属酸化物が超伝導性を示すことが発見された．これは，大きな衝撃であった．こうした金属酸化物の1つは $Bi_2Sr_4Cu_3O_x$ という化学式で表され，液体窒素温度において超伝導性を示す．

> 化学式 $Bi_2Sr_4Cu_3O_x$ の x の値は確定していない．このような化合物を，原子価に異常のある化合物という．
> **液体窒素温度**とは $-197\,°C$ のことである．

これは大発見で，超伝導を利用する高速鉄道にすぐにも用いられることが期待されたが，2002年の段階では実用化のめどが立っていない．これは，このような金属酸化物を細い導線に加工したとき，十分な強度が得られないためであるという．たとえ，ある1つの機能が優れていても，他の特性が劣っていては実用にならないという一例である．

> 金属酸化物における超伝導のメカニズムを，きちんと説明することのできる理論は，まだ確立していないようである．自然の神秘の奥深さを思い知らされる．

11・3　合金の特性

本章の最後に，セラミックスやセメントとは性格が異なるが，無機材料として同じように重要な合金について取り上げることにする．

合金はいくつかの金属を混ぜ合わせて，いったん融解し，その後冷却して作る．合金には

① 金属間化合物

② 固溶体
③ いくつかの微結晶の混合物
④ アモルファス合金

など，いろいろな種類がある．

上で"いくつかの金属を混ぜ合わせて"と書いたが，実は，混ぜ合わせるものは金属だけに限らない．後述する鋼は，鉄と炭素の合金である．

①の**金属間化合物**は，数種類の金属元素が一定の割合で結合してできた化合物である．②の固溶体は，1つの金属に他の金属が溶けてできた混合物で，組成は一定していない．

④の**アモルファス合金**は，金属の混合物を急冷したときに得られる，ガラスと同じように，規則的な原子配列を持たない合金である．いわば液体状態がそのまま固定化した，ガラス類似の構造を持った合金である．このため，ガラス合金と呼ばれることもある．

金属を混ぜ合わせることで合金ができるように，ポリマーを混ぜ合わせることで**ポリマーアロイ**が得られる．これは 10・6 節で述べた通りである．

さて合金には，元の金属にはなかったり，あるいは元の金属をはるかにしのぐ特性が現れることがある．

例えば力学的特性について，合金となって高い力学的強度が現れる例に，鉄と少量の炭素との合金である鋼，アルミニウムと銅，マグネシウムなどとの合金であるジュラルミン，チタン合金などがある．

鋼は，鉄と 2% 以下の炭素との合金である．意外に思われる読者もいるかもしれないが，純粋な鉄は銅と同じくらい軟らかい．910℃ 以上で安定な γ 鉄は 2% 程度の炭素を溶かすが，室温で安定な α 鉄はほとんど炭素を溶かさない．

熱的特性を変えた例に，はんだ合金やウッド合金がある．これらの融点は低く，溶接やヒューズに用いられる．

電気的特性も，金属を混ぜ合わせ合金とすることによって様々に変えるこ

とができる．ニッケルとクロムの合金は電気抵抗がかなり大きく，発熱するとともに高温に耐えるので，ニクロム線として電熱器に利用される．

磁気的特性についても，同様の例がある．合金は，優れた磁性材料を作り出すために大きな役割を果たしてきた．日本の科学が初めて世界をリードし

表 11・3 代表的な合金

名称	組成	特性	用途
硬鋼	Fe, C(0.3～0.7%)	硬くて，やや脆い	刃物，構造材料
ニッケル鋼	Fe, Ni(2.7～4.5%), C(0.1～0.4%)	硬くて，強い．錆びにくい	船舶，構造材料
18-8 ステンレス鋼	Fe, Cr(18%), Ni(8%)	錆びにくい	調理器具，食器，化学器具
青銅[a]	Cu, Sn	加工しやすい．強度が大きい．錆びにくい	美術工芸品（像や青銅器など）
黄銅[b]	Cu, Zn	展性・延性が大きく，加工しやすい	水道器具，日用品
ジュラルミン	Al, Cu, Mg, Mn	軽量．強度が大きい	航空機
ニチノール[c]	Ti, Ni	形状記憶効果を示す	温度センサー，パイプ継手
ニクロム[c]	Ni, Cr	電気抵抗が大きい．融点が高い	電熱線
ウッド合金	Bi, Pb, Sn, Cd	融点が低い	ヒューズ
Nb_3Sn	Nb, Sn	超伝導性を示す	電磁石
チタン合金	Ti, Al, Sn	軽量．強度が大きい．錆びにくい	ジェットエンジン
ネオジムを含んだ合金	Nd, Fe, B	大きな磁性を示す	小型・強力な永久磁石
アモルファス合金		強度が大きい．錆びにくい．優れた磁性を示す	磁気ヘッド，テニスラケット

[a] ブロンズともいう
[b] 真鍮ともいう
[c] 元来は商品名である

たのは 1917 年，本多光太郎（1870〜1954）による，強力な永久磁石を作ることのできる合金"KS 鋼"の発明によってであった．以後，日本は磁性研究の最先端を走ることになる．現在，最も強い永久磁石は希土類元素のネオジム Nd を含んだ合金 $Fe_{14}Nd_2B$ で，これは日本で開発されたものである．

　KS 鋼の"KS"とは，研究の援助者であった住友吉左右衛門のイニシャルをとったものである．

　KS 鋼の組成は鉄とコバルトがそれぞれ 35%，クロム 3〜6%，タングステン 4%，炭素 0.9% である．

代表的な合金を**表 11・3** にまとめて示す．

練習問題

1. 単結晶と微結晶の集まりはどのように違うか．酸化アルミニウムを例に説明せよ．
2. ガラスの性質は原料の粒の大きさ（これを粒度という）によって左右されないのに，セラミックスの性質は粒度によって大きく変わる．これはなぜか．
3. 酸化カルシウムと二酸化ケイ素の結合は，どのように異なるか．
4. アルミニウムと酸化アルミニウムについて，それぞれの結合と物理的特性がどのように異なるかを述べよ．
5. 身の回りで，酸化物であるものを探してみよ．

12

天然物材料

　これまで物質の構造と機能性について，電子 → 原子・分子 → 原子・分子の集合体と，複雑化の順を追って学んできた．ところが，そこでは純物質が主として扱われ，天然に存在する複雑な物質には目が行き届かなかった．しかし土木・建築においては，これら天然物材料は欠くことのできないものになっている．

　本章では，木材を代表例とする**植物材料**，皮革製品などとしてもなじみの深い**動物材料**，土木や建築において欠くことのできない岩石，砂，粘土などの**鉱物材料**について，概観しよう．

12・1　植物材料のプロフィール

　人類にとって，最も歴史の長い材料は**木材**であろう．木材は手近に，どこにいても手に入れることができ，また加工が容易で力学的な強度が大きく，しかも軽い．欠点は腐る，燃えるなどといったことであるが，1本を切り倒しても，しばらくするとまた新しい樹木が成長するので資源がつきることがない．このように使い勝手の良い材料は，ほかに考えられない．

　木材とはいえないが，かつてはよく見かけた稲わらも，同様の植物材料である．

　木材の主成分は**セルロース**で，植物の細胞壁を形作っている．このほかに

図 12・1 木材に含まれる成分
(a) セルロース
(b) キシラン (ペントサンの1つ)
(c) リグニンの構成要素

　リグニンという，細胞と細胞とを硬くつなぐ成分と，ヘミセルロースというセルロースに似た物質が含まれている．

　セルロースは，グルコースがいったん環になって直線状に繋がったものである．分子全体が共有結合で繋がっており，強い．ヘミセルロースは，グルコースの"親類"ともいえる非常によく似た糖が繋がってできたものである．リグニンはいろいろな物質の総称であるが，ベンゼン環を持った高分子化合物である．**図 12・1** にセルロース，ヘミセルロースの1つであるペントサン，リグニンの構成単位のそれぞれの構造式を示す．

　図 12・1 (a)，(b) に示した通り，また上でも述べた通り，繋がってペントサンを作る糖と，グルコースとは大変よく似ている．ペントサンを作っている糖では炭素が5個，これに対してグルコースは炭素が6個である．

　ところで人間は，木材をそのまま使う一方で，種々の植物から**セルロース**だけを取り出し，紙や繊維，布を作った．麻，木綿などはその代表例であり，いずれもセルロースが主成分である．

　特に木綿は**表 12・1** に示すように，ほぼ純粋なセルロースである．セルロ

表 12・1　いろいろな植物材料の成分

	セルロース (%)	ヘミセルロース (%)[a]	リグニン (%)
針葉樹	50〜55	5〜12	30
広葉樹	50〜55	20	20
木綿	>90	—	—

[a] 特に，ペントサンについて示した

ースは直線分子なので繊維にしやすい．そのうえ丈夫で，しなやかで，水との親和性が良いために湿気をよく吸収する．このように木綿は，衣服材料として理想的な性質を備えている．

　セルロースが水に対する親和性を示すのは，ヒドロキシ基 − OH を多く持っているからである．これについては 121 ページで触れた．

12・2　動物材料のプロフィール

　人類は，動物からも様々な材料を得てきた．皮からは靴や衣服が作られ，骨は釣り針となった．

　さて，動物の皮，動物の毛や鳥の羽はタンパク質である．もちろん，絹のような天然繊維や動物の肉も，同様にタンパク質である．

　図 12・2 に示すように，タンパク質は $-(NH-CHR-CO)_n-$ の繰り返しからなっている．直線分子であり，共有結合によって繋がっているので，強い繊維になる．また縦方向の引っ張りには強いが，横方向の力が加わると裂けてしまう．

　一方の骨は，その 70% ほどをリン酸カルシウム $Ca_3(PO_4)_2$ と炭酸カルシ

$$-NH-\underset{H}{\overset{R}{\underset{|}{\overset{|}{C}}}}-CO-NH-\underset{H}{\overset{R'}{\underset{|}{\overset{|}{C}}}}-CO-$$

図 12・2　タンパク質の構造．R，R′ の構造は様々に変わる

ウム $CaCO_3$ が占め,この2つが硬さを生み出している.残りの30%はタンパク質で,関節や軟骨を形作る.

12・3 鉱物材料のプロフィール

12・3・1 岩 石

木材とともに,最も歴史の長い材料として**岩石**が挙げられるであろう.恐らくは,人類が最初に利用した材料の1つである.岩石はよく知られるように,狩猟や調理のための道具を作るのに用いられ,建築資材ともなった.これらは岩石の持つ,高い力学的強度のためであった.

(1) 岩石の種類

ところで岩石は,**火成岩**と**堆積岩**とに大別される.

火成岩は,マグマが地表に出て固まったものである.主成分は**表12・2**に示すように,ケイ素やアルミニウムの酸化物であるが,鉄やカリウム,ナトリウムなども含まれている.

> 鉄やカリウム,ナトリウムなどは,岩石中にそのままの形で存在するわけではなく,他の成分と複雑に結合して存在している.表12・2のように成分を酸化物の形で表すのは,分析の方法から生じた制限である.

表12・2 いろいろな岩石の成分

		SiO_2	Al_2O_3	$FeO+Fe_2O_3$	Na_2O	K_2O	CaO	CO_2
火成岩	花崗岩	72.2	14.6	2.40	2.90	4.50	1.70	—
	安山岩	59.2	17.1	7.10	3.20	1.30	7.10	—
	玄武岩	50.51	13.45	11.37	2.28	0.49	11.18	—
	流紋岩	75.2	13.5	2.22	4.20	2.70	1.60	—
	黒曜石	73.84	13.00	2.61	3.82	3.92	1.52	—
水成岩	石灰岩	5.2	0.8	0.5	0.05	0.3	42.6	41.6
	泥 岩	58.9	16.7	6.5	1.6	3.6	2.2	1.3
	砂 岩	78.7	4.8	1.4	0.5	1.3	5.5	5.0

火成岩のうち，黒曜石はガラス質であり，鋭利な刃物を作ることができるので，石器時代においては，やじりやナイフのための重要な材料であった．

黒曜石は地表に出たマグマが固まる際に，急冷されたものである．表12・2に見るように，黒曜石に似た成分を持つものとしては流紋岩がある．

一方の**堆積岩**は，堆積物が固まったものである．堆積岩は成分により，2種類に大別することができる．

1つは砂岩や泥岩などのグループで，火成岩が陸上で砂や泥になった後，海中で固まったものである．これらの成分は火成岩とそれほど変わらない．もう1つのグループの代表例は石灰岩である．石灰岩は炭酸カルシウムを主成分とするが，これは海中のカルシウムイオンが，二酸化炭素と結合して沈澱の後，生じたものである．

堆積岩のうち，水中で堆積したものを特に**水成岩**と呼ぶ．

(2) 岩石中の原子の結合

さて岩石の中で，原子はどのように結合しているのであろうか．岩石にもいろいろなものがあるので一概にはいえず，また結合の仕方も複雑で理解が難しいところもあるが，ここではごく大雑把に，大局的なとらえ方をすることにしよう．

岩石の基本は石英である．すでに何度か述べているように，石英の構造はダイヤモンドの構造に類似している．ダイヤモンドの炭素Cの位置にケイ素Siがあり，3次元の網目構造を作っている．ただし石英の場合には，SiとSiとの間に酸素Oがある．

火成岩の多くは，アルミニウムAlを含んでいる．ここでAlがSiに代わって，石英の結晶格子の中に入り込む．石英は共有結合性とともにイオン結合性も持っているので，このことを考慮して上の現象をイオンの形で書くことにすれば，$-O^-$ と結合している Si^{4+} が Al^{3+} に置き換わったということになる．

さて，Si^{4+} が Al^{3+} に置き換わったところでは，プラス電荷が足りなくな

っている．その不足を補うためカリウムイオン K^+, ナトリウムイオン Na^+, カルシウムイオン Ca^{2+} などが石英の結晶格子の中に入り込む．このようにして K^+ が入り込んだのがカリ長石と呼ばれる鉱物である．これは $KAlSi_3O_8$ の組成を持ち，火成岩の重要な成分である．

これまで，石英の結合については共有結合性を強調してきた．しかし現実には，イオン結合性も大きく寄与している．上の問題については，イオン的な説明による方が分かりやすいので，そちらにしたがうことにした．

12・3・2 砂と土，粘土

岩石が小さくなり，粒子となったものが**砂**で，さらに小さくなると**土**と呼ばれるようになる．土のうちで，粒子の小さいものが**粘土**である．このような粒子の大きさによる分類を**表 12・3** にまとめた．

こうした砂や土，粘土の粒子1つ1つが持つ性質は，岩石と同じものである．しかし同時に，粒子が細かいことによって新しい，粒子特有の性質が現れるようになる．すなわち土や粘土の保水力，水を含んだときに得られる流動性である．これらは畑や水田を作ったり，道路や堤防を造ったりするときに有用な特性となる．

また土や粘土は，焼き固めるとレンガになって，土木・建築材料になる．レンガはセラミックスであり，また隙間が多いだけで，その本質は岩石と何ら変わりがない．

表 12・3 粒子の大きさによる鉱物材料の分類

粒子の大きさ (mm)	～ 20	～ 2	～ 0.05	～ 0.005	～ 0.001	～
名　称		小石	砂	土	粘土	(コロイド)

練習問題

1. 身の回りから，以下が主成分となっているものを挙げよ．また，その機能はどのようなところで生かされているか．
   - (a) ゴム
   - (b) セルロース
   - (c) タンパク質
   - (d) 金
   - (e) 大理石
   - (f) ダイヤモンド
   - (g) グラファイト

2. 次を構成している，主な成分元素を挙げよ．
   - (a) 木材
   - (b) 石灰岩
   - (c) 粘土
   - (d) 牛革

3. 家屋に用いられている材料を天然物，人工物に分けて列挙せよ．(**ヒント**：土台，柱，壁，窓，床，天井，屋根など系統的に調べてみよう．屋根に太陽電池が設置してある場合は，それも含めて考えよう)

4. 絹とナイロンについて，両者の構造と性質を比較せよ．

13
材料の複合化

　我々が日常利用しているモノは，ただ1つの素材からできていることは稀で，いくつかの素材を組み合わせてできあがっている場合が多い．このように素材を組み合わせることを**複合化**という．最も身近な例の1つは鉄筋コンクリートで，押す力には強いが引っ張りの力に弱いコンクリートと，引っ張りには強いが曲げには弱い鉄とを組み合わせ，お互いの長所を利用すると共に欠点を補い合っている．

　最近は積層と呼ばれる，"層を積み重ねる"方法で組織的な複合化が行われる．これは，高度な機能を発揮させるために有用である．

13・1　複合化による機能の発現

　明らかに異質な素材を組み合わせ，お互いの機能を補完し合い，新たに優れた機能を持った材料を作り出すことを材料の**複合化**といい，こうして得られた材料を**複合材料**と呼ぶ．複合材料の代表例は，**鉄筋コンクリート**であろう．

　鉄筋コンクリートを梁に用いる場合には，**図13・1**に示すように，鉄筋を下側に配置するようにする．梁がたわむと，梁の上部には押しの力が加わり，下部には引っ張りの力が加わる．そこで，押しの力に強いコンクリートが上部に，引っ張りの力に強い鉄筋が下部に配置されるようにして，両者の

図13・1　鉄筋コンクリートの梁

役割を分担させているのである．

　鉄筋コンクリートと同じアイデアを生かしたものとして，**繊維強化金属**が挙げられる．ボロン繊維強化アルミニウムはスペースシャトルに，炭化ケイ素繊維強化アルミニウム，炭素繊維強化チタンはスポーツ用品，航空機に使用される高度な材料である．

　同じような複合化の例は，ほかにもある．日本刀では，硬くて切れ味は良いが脆い硬鋼と，粘りはあるが軟らかくて刃物に適さない軟鋼とを合わせ，お互いの長所を生かして欠点をカバーし合っている．ベニヤ板は，複数の薄い木板を交互に重ねることによって，木材の縦方向と横方向の力学的性質の違いを，巧みに平均化したものである．また生物の体では，至るところに複合化を見出すことができる．手足を見ても，力を支える硬い骨，力を生み出す筋肉，これらを保護する皮膚など，それぞれが適切な位置を占め，その役割を分担して全体をうまく機能させている．

13・2　積層による複合化

　最近では，それぞれが異なった機能を備えた複数の層を積み重ねて**積層構造**を作ることにより，材料の複合化が行われるようになった．積層構造によって，必要な機能を材料の適切な位置に組み込むことが可能になり，いくつもの高度な機能を，自在にコントロールした形で1つの材料に持たせることができるようになる．

13・2 積層による複合化

	現像前	現像後
保護層 →		
青感性乳剤層 {	高感度層	イエロー発色
	低感度層	
黄色フィルター層 →		
緑感性乳剤層 {	高感度層	マゼンタ発色
	低感度層	
中間層 →		
赤感性乳剤層 {	高感度層	シアン発色
	低感度層	
中間層 →		
下引き層	ハレーション防止層	
	フィルムベース	
裏面加工		

図 13・2　カラーフィルムの積層構造

　積層構造の応用は，古くからあった．青銅表面の金メッキ，素焼きの陶磁器の上に施す釉薬（ゆうやく．うわぐすりともいう），木の下地の上の漆など，素朴な形ではあるが，それぞれの素材の特性を生かした，積層による複合化になっている．アルミニウムの表面を酸化して，化学的に安定なものにしたアルマイトも1つの例であろう．

　我々にとって身近な写真撮影用のカラーフィルムは，**図 13・2** に示すような，高度な積層構造を備えている．カラーフィルムではポリエチレンテレフタレートなどで作られた，全体の基板となるフィルムベースの上に，いくつもの薄膜が積み重ねられている．1つ1つの薄膜は，それぞれに特有な役割を果たし，例えば3原色は各々別の，塗布層と呼ばれる薄膜に感光する．塗布層は感光・発色層のほか，フィルターや感光剤が混ざるのを防止する中間層などからなり，11〜18層も積み重ねられている．しかし，塗布層全体の

第 13 章 材料の複合化

図 13・3 傾斜機能材料の概念

厚さは 25 μm 程度しかない.

　さらに高度なものとして，**傾斜機能材料**が挙げられる．これは，材料の表と裏とでは全く異なる物質となっているが，その中間の挟まれた領域では，厚さ方向に連続的に物質の組成が変化しているという材料である．例えば図 13・3 のような，表がセラミックスで，裏が金属というものが作られている．この傾斜機能材料のコンセプトは，スペースシャトルに用いる耐熱材料開発を目標に，日本で生み出されたものである．数千度という高温に耐えるセラミックスで外側を守り，一方の金属で丈夫な内部空間を作ろうというもので，炭化ケイ素-炭素系，ジルコニア-ニッケル系などが検討されている．傾斜機能材料は，人工骨などの生体適合性材料にも有力な概念である．

　"厚さ方向に連続的に物質の組成が変化している" 様子を "傾斜" と表現し，これが傾斜機能材料という名前の由来となっている．

練習問題

1. 以下について，異なった特性を持つ材料を組み合わせ，それぞれの長所を生かし，欠点を補うようにした工夫を考察せよ．
    - (a) 鉄筋コンクリート
    - (b) 竹，わら，土などを混ぜた壁
    - (c) アスファルトと砂利による道路の舗装
    - (d) 木の下地に漆を塗った食器
    - (e) 鉛筆
    - (f) ビデオテープ
    - (g) 金メッキを施した青銅器
    - (h) 素焼きの上に釉薬を施した陶磁器
2. 自動車のタイヤを切り開き構造を調べ，それぞれの素材の役割を考えよ．

第 2 部

機能性から物質をみる

物質の機能性とは何か．有用な機能性を取り上げ，物質の構造との関連を学ぶ．ここでは，物質の機能性についての広い視野を養成するとともに，化学物質と安全に付き合うための方策をも考えよう．

14

物質の力学的特性

　原始の人類が生活のために利用した道具は，狩猟のための槍や弓矢，獲物を処理するための刃物，それに日用品や住居を作るための道具であったであろう．やがて農耕が始まると，農機具が重要になる．定住農耕生活の開始以後始まったといわれる戦争では，その勝敗は，武器の質と量とによって決まることが多かったであろう．

　いうまでもなく，これらの農機具，武器，住居などの性能は素材に大きく影響される．文明の程度は，素材に依存していたといってもよいであろう．

　さてこうした道具，武器などにとって重要なのは，物質の特性のうちでも**力学的特性**である．本章では，この問題について考える．

　なお物質の力学的特性を考えるときは，固体を対象とする場合がほとんどで，気体や液体を問題とすることは少ない．しかし，気体や液体の力学的特性も我々の身の回りで大いに活躍している．これについては9・1節と9・2節で述べた．

14・1　力学的特性のいろいろ

　物質に外から力を加えたとき，その物質がいかに変形するかというのが**力学的特性**である．物質の力学的特性には，この力の加え方と変形の仕方の組み合わせによって，いろいろな種類がある．例えば"粘土は力を加えると簡

単に変形して，そのままの形で元に戻らないのに，ゴムは大きく変形しても，すぐに元の形に戻る"とか，"竹を横に切ることは難しいけれど，縦には簡単に割ることができる"．また同じように"竹は縦に引っ張ってもびくともしないが，横から力を加えると簡単に曲がってしまう"．さらに"石は押しても引っ張ってもびくともしないが，金槌で叩くと割れてしまう"などである．このように，力学的特性を一言でいうことは難しい．

物質の力学的特性のことを**機械的特性**ということもある．

とはいえ，まず力の加え方について整理してみると，2つの点を考えなければならないことが分かる．1つは力を加える方向であり，もう1つは，どのような時間を掛けて，その力を加えるかという点である．前者には縦方向か横方向かという区別があり，さらに縦方向の場合には引っ張りか押しかという区別がある．後者には，徐々に力を加えていく場合と，瞬間的に力を加える場合とがある．

上で述べた，横方向から力を加えることを曲げという．

変形の仕方という点からは，**塑性**と**弾性**とに大別される．**塑性**とは，外から力を加えて生じた変形が，力を取り去っても元に戻らない性質である．上でいえば，粘土がこの例になる．一方の**弾性**とは塑性とは反対に，力を加えて生じた変形が，力を取り去ると元に戻る性質である．上でいえば，ゴムがこの例である．

以上述べた物質の力学的特性について，**図 14·1** にまとめた．

またよく耳にする表現であるが，物質の**硬さ**とは，力を加えたときに生じる変形のしにくさ・しやすさを指し，**強さ**とは，どれだけの力を加えたときに破壊されるかを表す言葉である．

さて弾性と塑性については，節をあらためて後でくわしく述べることにし，次節ではまず，物質の変形のメカニズムをミクロな視点から，直観的に理解することにしよう．

第 14 章　物質の力学的特性

力のかけ方	変形		破壊に至るまでの力
	特性	変形の程度	
引っ張る（圧縮する）　ずりの力をかける（曲げる）　徐々に力を強くする　急に力をかける　力をかけたり，ゆるめたりを繰り返す	可逆的（弾性）　非可逆的（塑性）	小さい（硬い）　大きい（軟かい）	大きい（強い＝強度が大）　小さい（弱い＝強度が小さい）

図 14・1　固体の力学的性質

14・2　ミクロから見た変形のメカニズム

14・2・1　変形のモデル

　物質の変形を，ミクロの視点から見るとどうなるであろうか．物体に生じた変形は，原子や分子のレベルでも影響を生じている．
　以下では，8・3・1項の議論も同時に参照してほしい．
　例えば物体が外からの力によって引っ張られて伸びるとき，ミクロなレベルでは，原子や分子の間の距離が伸びなければならないことは容易に想像できるであろう，ここで92ページで述べたことを思い出してほしい．92ページでは分子をモデル的に，2つの原子がバネで結合されたものと考えた．ここではもっと一般的に，化学結合を原子どうしを結びつけるバネと考えることにする．バネと同じように，伸ばしたり縮ませたりすると元に戻ろうとする力が働く．"結合が強い"とは，このバネの伸び縮みが容易に生じないことに対応する．
　つまり物体の変形は，ミクロなレベルでは，こうしたバネの変形と解釈できる．変形しにくいとは，このバネが大きな復元力を持っていて，容易にバ

ネの伸び縮みが生じないということである．

　もう少し具体的に見てみよう．一般に，共有結合は金属結合に比べて強い．したがって共有結合のバネは金属結合のバネに比べて伸び縮みしにくく，つまり共有結合でできた物質は変形しにくいということになる．全体が共有結合でできたダイヤモンドや水晶が硬いのは，このためである．

　また物体の変形のうち，曲げとは，原子の結合角が変化するようなことである．つまり，バネがぐにゃりと曲がることに対応する．共有結合には方向性があり，このため結合角の変化に対して復元力が働く．すなわち，常にバネが元に戻ろうとする．したがって共有結合でできた物質は曲げに対して比較的強く，変形を生じにくい．一方，方向性のないイオン結合でできた物質は，曲げに対して比較的弱い．

　　しかし，この方向性を別にすれば，イオン結合は強い結合であるので，その
　　物質は変形しにくく，引っ張りや押しに対しては強い．

14・2・2　格子欠陥の存在

　ところで前項のようなモデルを精密化すれば，物質の変形のしやすさを，原子や分子の結合の強さから理論的に計算によって導き出すことができそうである．例えば引っ張り強度は**図 14・2** に示すように，破断面について，全ての結合を切断するのに要する力として求めればよいであろう．

　実際に，原子や分子の結合の強さに基づいて引っ張り強度などを計算する

```
      |   |   |   |
    — M — M — M — M —
      |   |   |   |
    — M — M — M — M —
    ─────────────────────── 結合の切断
    — M — M — M — M —
      |   |   |   |
    — M — M — M — M —
      |   |   |   |
```

図 14・2　ミクロに見た破断の模式図

図14・3　格子欠陥

ことは可能である．しかし計算によって得られる値は，実測される引っ張り強度の10倍から100倍も大きな値であることが多い．これは材料が，物質本来の力を発揮していないことを意味する．

　材料が，ミクロな構造から予測される力学的強度の1/10以下程度しか発揮できないのは，物質中の原子配列に乱れがあって，すなわち原子が多すぎたり，少なすぎたりするなどして，結合がうまくできていない箇所があるからである．このような箇所を**格子欠陥**，あるいは**転位**という．**図14・3**に示した，このような構造や結合の乱れが，力学的強度を小さくすることは容易に想像されるであろう．

　しかし格子欠陥の数は，正常な配列をしている原子の数に比べて非常に少ない．このようなわずかな格子欠陥が，材料全体の力学的強度を1/10から1/100にしてしまうのはなぜであろうか．

　それは，格子欠陥は1箇所に止まっているわけではないからである．格子欠陥の周りでは原子が動き，結合を変え，その結果，格子欠陥は動き回ることになって，たくさんの結合を弱めるのである．電子顕微鏡の発達により，格子欠陥の動く様子を実際に観察することができるようになった．

さて，このように考えてくると，格子欠陥のない材料を作り出せば，理論によって期待される大きな力学的強度を持った材料を作り出せるはずである．実際に，これは実現している．"ウィスカー"と呼ばれる髭状の細い形状ではあるが，格子欠陥のない鉄が作り出され，期待通りの大きな力学的強度が得られている．

14・2・3　ゴムが示す弾性のメカニズム

よく知られているように，ゴムは力を加えると伸びたり縮んだり，曲がったりなど，大きく変形する．しかし力を取り去ると，すぐに元の形に戻る．このような優れた弾性が注目され自動車のタイヤなど，その他にも衝撃を緩和する目的で様々に利用されている．

 ゴムの代表はやはり天然ゴムであるが，これ以外にも，同様の弾性を示す合成高分子化合物が得られており，天然ゴムにはない，優れた性質を示すものもある．これらは，それぞれの特性に応じて利用されている．

ここでは，こうしたゴムが示す弾性のメカニズムを，ミクロな分子のレベルから考えることにする．

図14・4に示すように，天然ゴムの分子は二重結合を持っている．そして，この二重結合をした炭素から出る炭素の鎖が，分子の同じ側にあるという構

図14・4　ゴム分子の化学構造

造をしている．このようなことから，ゴム分子全体は丸まっている．ポリエチレン分子が細長いのとは対照的である．

　上のように，分子の同じ側に炭素の鎖が出ている構造をシス構造という．

　さてここで，引っ張りの力がゴムに加えられると，丸まっていたゴム分子はまっすぐに伸びる．これにはあまり力は要らず，ゴム全体は大きく伸びる．やがて力が取り去られると分子は元の丸まった状態に戻り，ゴム全体は縮んで元の形に戻ることになる．以上が，ゴムが示す弾性を分子のレベルから眺めたものである．

　　ゴムが示す弾性は熱力学的に見た場合，他の物質が持つ伸び縮みのメカニズムとは異なっている．ゴムが伸びるとき，ミクロなレベルでは，分子が丸まった"乱雑な状態"から，分子の方向が揃った"秩序の高い状態"になる．いいかえると，エントロピーの高い状態からエントロピーの低い状態になるのである．**エントロピー**とは"乱雑さ"を示す指標で，物理学や化学において重要な概念であるばかりでなく，最近は経済学などにおいてもよく聞かれる言葉になっている．さて自然現象は，秩序の高い状態から乱雑な状態になる方向へと進む．すなわち，エントロピーが増大する方向に進む．ゴムを伸ばすことはエントロピーを減少させたことになるので，力を取り去ると，エントロピーの高い乱雑な状態になろうとして，ゴムは縮むことになる．

14・3　弾　性

弾性とは，物体に力を加えて生じた変形が，力を取り去ると元に戻る性質をいう．

　さて，いま**図 14・5** (b) に示すように，物体に，縦方向に引っ張りの力を加えたとき物体が変形し，伸びが生じたとする．このときの，力の大きさと伸びの関係を**図 14・6** に示す．

　図 14・5 (b) で生じた変形を，一般に垂直ひずみという．

14・3 弾 性

(a) (b) 垂直ひずみ (c) せん断ひずみ

図 14・5 加えられる力の方向と，物体に生じる変形

図 14・6 において，縦軸に力の大きさを，横軸に伸びを取っている点に注意する．縦軸と横軸の取り方が，通常の場合の感覚と異なっている．

図 14・6 に見るように，力を加えると物体は伸びていく．力が**弾性限界**と呼ばれる，ある大きさの限度以下であると，物体に生じる単位長さ当たりの伸び $\Delta l/l$ は，物体の単位断面積当たりに掛かる力 σ（"シグマ"と読む）

図 14・6 力の大きさと伸び

に比例する．すなわち，**フックの法則**が成り立ち

$$\sigma = E \frac{\Delta l}{l}$$

と書くことができる．ここで，比例定数 E は**ヤング率**と呼ばれ，物体の弾性を考える際に大変重要な定数である．

 σ の単位は圧力と同じで N/m² ，あるいは Pa（"パスカル"と読む）を用いる．また，σ のような力のことを**応力**と呼ぶ．
 ヤング率は，**伸び弾性率**とも呼ばれる．
 なお上の式は，力の向きを反対にして物体の縮みについて考えた場合にも，同様に成り立つ．

 加える力が大きくなり弾性限界を越えると，力の大きさと伸びとは比例しなくなる．このとき普通は，伸びの方が大きくなる傾向を示す．やがてそれ以上，加える力を大きくしなくても，物体がどんどん伸びる**降伏点**と呼ばれる状態に到達し，ついには物体は切れてしまう．この点を**破断点**といい，このときの力の大きさを**引っ張り強度**という．なお降伏点と破断点の間では力を加えることをやめても，物体は元に戻らない．すなわち，塑性を示す．

 図 14・5 (c) に示すように，物体に横方向の力 τ（"タウ"と読む）が加わって，物体に変形が生じたときにも，上と同様にフックの法則が成り立つ．すなわち，このとき生じた変形を α（"アルファ"と読む）として

$$\tau = G\alpha$$

と書くことができる．ここで，比例定数 G は**剛性率**と呼ばれる．

 α の単位には rad（"ラジアン"と読む）を用いることが多い．また，このような変形をせん断ひずみと呼ぶ．
 剛性率は，**ずれ弾性率**とも呼ばれる．

 以上のように，物体の力学的特性を考えるうえで重要な性質はヤング率，剛性率，引っ張り強度である．代表的な材料について，これらを**表 14・1** に示した．

表 14・1　いろいろな材料の力学的特性

名　称	ヤング率 ($\times 10^{10}$ Pa)	剛性率 ($\times 10^{10}$ Pa)	引っ張り強度 ($\times 10^8$ Pa)
鉄[a]	20.5	8.1	1.96
鋳鉄	17.6	6.9	3.7
硬鋼	20.5	8.1	4.5
ステンレス鋼	19.7	7.4	5.2
銅	20.4	8.1	3.35
黄銅[b]	11.0	4.1	2.8
アルミニウム	6.9	2.7	0.55
ジュラルミン	6.9	—	3.55
超々ジュラルミン	7.4	2.8	5.73
チタン合金	10.6	4.1	9.80
金	7.80	2.70	2.0〜2.5
ポリエチレン	0.04〜0.13	0.026	0.21〜0.35
ゴム	〜0.0005	〜0.0001	—
ナイロン 66	0.12〜0.29	—	0.62〜0.83
石英[c]	7.31	3.12	〜10
木材	1.3	—	0.6〜1.1

[a] ただし，工業用純鉄
[b] 真鍮ともいう
[c] ただし，溶融石英

さて，表 14・1 を見ながら，それぞれの材料の特性について考えていこう．

まず 1 段目の鉄について見ると，ヤング率が $E = 20.5 \times 10^{10}$ Pa である．これに 1 気圧の圧力を掛けると，どれくらい縮むであろうか．1 気圧はほぼ 1000 hPa（hPa は"ヘクトパスカル"と読む．h は 10^2 の意味である），すなわち 1×10^5 Pa であるから，フックの法則の式より

$$1 \times 10^5 \,[\text{Pa}] = 20.5 \times 10^{10} \,[\text{Pa}] \times \frac{\Delta l}{l}$$
$$\frac{\Delta l}{l} = 5 \times 10^{-7}$$

したがって 1 m 当たり，0.0005 mm 縮むだけである．

ヤング率の値に見るように，アルミニウムや金が，力を加えたときに鉄よりも伸びたり，縮んだりしやすいことは直観的にも納得できるであろう．し

かし石英が，鉄よりも伸び縮みしやすいことは，ちょっと意外なのではあるまいか．ポリエチレン，ナイロンが伸び縮みしやすいことは経験とも一致するであろう．ゴムについて，力による変形が例外的に大きいことも納得できよう．

引っ張り強度について見ると，純金属の引っ張り強度は石英に比べて小さいことがわかる．金属は，合金にすると引っ張り強度が大きくなる．アルミニウム，ジュラルミン，超々ジュラルミンはヤング率，剛性率に大きな違いはないが，引っ張り強度については，超々ジュラルミンはアルミニウムの10倍にもなる．

なお実用上，材料の力学的特性は密度と合わせて考える必要がある．例えば，超々ジュラルミンの引っ張り強度は鋼より大きく，密度は鋼の1/3である．このため超々ジュラルミンを利用すれば，軽く丈夫な構造物を作ることができる．

超々ジュラルミンの密度は $2.8\,\mathrm{g/cm^3}$，鋼の密度は $7.8\,\mathrm{g/cm^3}$ である．

14・4 塑 性

塑性とは弾性と反対に，力を加えて生じた変形が，力を取り去っても元に戻らない性質である．また，このようにして生じた変形を**塑性変形**という．塑性とは図14・6に即して見ると，弾性限界までの到達が早く，降伏点から破断点までの範囲の広いものといえる．

塑性変形は原子や分子，それらの集合体や結晶など，これら物質を形作っている構成要素の相対的な位置にずれが生じてしまったときに起こる．したがって塑性変形は，強い結合のある物質では起こらず，例えば，粘土の場合のように微粒子間の弱い引力で凝集しているような場合に起こりやすい．金属結合は結合が弱いうえ，結合の相手が絶えず変わっているような状態なので，原子の相対的な位置がずれても影響が少ない．そのため金属結晶は，共

有結合性結晶に比べて可塑性が高い．

　可塑性とは，弾性限界以上の力を加えて生じた変形が，力を取り去っても元に戻らない性質をいう．

　ところで最近，超塑性という現象が注目されている．非常に小さな力で物体が変形し，飴のように伸びる現象である．これは，金属などを直径数 μm の微結晶にしたうえ，原子が動けるように加熱すると観察されるようになる．この現象を利用すると，通常は加工が困難であるとされる材料も，複雑な形状に加工することができる．このため，精密部品の製造に応用されるようになってきた．

14・5　形状記憶効果

　最近注目されている力学的特性に**形状記憶効果**がある．例えば，力を加えるとぐにゃぐにゃと形を変えるが，お湯につけると元の形に戻るといった玩具を目にしたことがある読者も多いことであろう．このような形状記憶効果を示す材料としては Ti-Ni（『ニチノール』という商品名が付いている）をはじめ，Cu-Zn-Al，Fe-Mn-Si などの合金が実用化されている．

　これらの合金は**形状記憶合金**と呼ばれている．

　形状記憶効果は**図 14・7** に示すような，ジグザグの原子配列によって起こる．形状記憶合金は，高温では図 14・7（a）に示す碁盤の目のような，曲がりのない構造をとるが，室温では（b）のようなジグザグ構造になっている．このジグザグ構造は小さな力を加えることでひっくり返り，（c）のようになる．これは塑性変形であるので，力を取り去っても（c）の構造のままで，形が保たれることになる．温度を上げてやれば再び（a）の構造に戻り，変形は取れてしまう．

　図 14・7（a）から（b）のような構造になることをマルテンサイト変態と呼ぶ．

図14・7 マルテンサイト変態
(a) 高温
(b) 室温
(c) 材料に生じた変形

　形状記憶合金はNASAの月面アンテナ計画で効果的に使用された．このときは通信用パラボラアンテナをニチノール線で作り，丸めてアポロ宇宙船で運び，月面にセットした．やがて太陽光で温められたパラボラアンテナは大きく広がり，通信に用いられるようになった．その他にも形状記憶合金は海底油田のパイプの接続，温度センサーなどに利用されている．
　なお高分子化合物においても，形状記憶効果が実現している．ポリノルボルネン，ポリ（スチレン-ブタジエン）などが，**形状記憶ポリマー**として商品化されている．

14・6　複合化による力学的特性の強化

　力学的特性には様々なものがある．このため実際に，ある素材を用いようという場合，いくつかの力学的特性には満足がいくが，他の力学的特性には不足を感じるという場合がしばしば起こる．このようなときには，いくつか

の異なった素材を組み合わせて，お互いの長所を利用すると共に欠点を補い合うという工夫が行われる．このような複合化によって力学的特性を強化した代表例が鉄筋コンクリートである．押しの力には強いが引っ張りの力には弱いコンクリートと，引っ張りには強いが曲げには弱い鉄とを組み合わせ，丈夫な構造物を作る．

複合化については第13章でくわしく述べた．

=== **練習問題** ===

1. 金属，合金，高分子化合物，セラミックス，ガラスの力学的特性を比較せよ．ただし高分子化合物については，ゴムとその他の高分子化合物とを区別せよ．
2. 結晶状態にある炭酸カルシウム（すなわち，大理石），二酸化ケイ素（水晶），二酸化炭素（ドライアイス）の力学的特性を比較せよ．
3. 研磨剤に用いられる炭化ケイ素の結晶は，硬くて強い．このような性質は，何に由来するか．
4. ナトリウムに比べて，アルミニウムの弾性と引っ張り強度が高いのはなぜか．
5. 漆喰（炭酸カルシウム $CaCO_3$ が主成分である）に比べて，セメントの力学的強度が大きいのはなぜか．
6. ガラス繊維強化プラスチックは，ガラス繊維とプラスチックのどのような特性を生かし，また欠点を補っているか．

15

物質の熱的特性

"火を自由に扱うことによって，人類は他の動物と決定的に違うものになった"といわれる．火に始まって，人類はいろいろなエネルギーを操り，文明を築き上げてきた．しかしこのように火をうまく使うためには，物質の**熱的特性**をよく知り，そのための道具を作り出さなければならなかった．高温に耐えるモノ，熱をよく伝えるモノ，逆に熱をよく遮断するモノ．これらはそれぞれに重要で，様々な材料が開発されてきた．

スペースシャトルの外壁は，大気圏突入時の高温に耐えるよう耐熱性の材料で作らなければならない．また電子工学においても発生する熱の放散が，その素子の大きさと性能とを支配するという．このように先端技術においても，物質の熱的特性の重要性は強調されている．

15・1　熱的特性のいろいろ

熱を加えたときの，その物質の振る舞いを**熱的特性**という．物質の熱的特性にはいろいろなものがあり，面白いことに，ある有用な特性と同時に，それとは相対する特性もまた，有用である．代表的な熱的特性について，**表15・1**にまとめて示した．

表 15·1 物質の熱的特性．左右で，それぞれ相対する特性が対比されるようにまとめた．カッコ内は，それらの特性を生かした材料や応用の例

不燃性である（建築材料）	可燃性である（燃料）
熱伝導性が良い（調理器具，LSI の基板）	断熱性が良い（炉材料，建築材料）
熱容量が大きい	熱容量が小さい
耐熱性が高い（耐熱レンガ，スペースシャトルの外壁）	熱加工性が高い（ガラス，プラスチック）

15・2 ミクロから見た熱と温度

原子や分子といったミクロなレベルでは，熱と温度は，どのような意味を持っているのであろうか．

物体に熱を加える，すなわち**熱エネルギー**を与えると，マクロな現象としては物体の温度が上昇する．このときミクロなレベルでは電子，原子や分子が，その運動を活発にしているのである．すなわち，熱エネルギーが**運動エネルギー**として蓄えられたのである．では"運動を活発にする"とは，具体的にはどういうことであろうか．その様子を気体と固体とに分けて，以下で見ていくことにしよう．

本節とあわせて，8・3・2 項を参照してほしい．そこでは，よりくわしい説明を行ってある．

15・2・1 気体における熱と温度

気体の場合にはまず，原子・分子が空間を"飛び回る"ための運動エネルギーとして，エネルギーを蓄える．すなわち"飛び回る"速度を大きくするのである．図 15·1 に示すように，気体の"温度が高い"ということは，気体の原子・分子が"大きな速度で飛び回っている"ということである．

いま単原子分子の気体を考える．6・2 節や 8・3・2 項で述べたように，このとき原子 1 個当たりの運動エネルギーは $(1/2)\,mv^2$ と表され，1 mol 当たり

温度の低い状態　　　　　　温度の高い状態
速度が遅い　　　　　　　　速度が速い

図 15・1　気体における温度

の平均運動エネルギーは $(3/2)RT$ で与えられることが知られている．ここで m は気体原子の質量，v は気体原子の平均速度，R は気体定数，T は絶対温度である．このように，気体原子の平均速度 v は絶対温度 T の平方根に比例する．

上で述べたことから T が等しいときは，軽い気体原子，すなわち m が小さい原子ほど大きな速度 v で運動していることが分かる．

多原子分子の気体の場合には，上のような**並進の運動エネルギー**としての形態のほかにも，エネルギーを蓄える方法がある．1つは分子全体の**回転の運動エネルギー**としてである．回転の速度を増すことでエネルギーを蓄えることができる．もう1つは，分子の**振動の運動エネルギー**としてである．振動の振幅を大きくすることでエネルギーを蓄える．

15・2・2　固体における熱と温度

固体の場合には，原子・分子は空間を"飛び回る"わけにはいかず，また回転もできないので，並進や回転の運動エネルギーとしてはエネルギーを蓄えることができない．しかし振動については，多原子分子の気体の場合と同じように考えることができる．すなわち，外から加えられた熱エネルギーは，固体中の原子・分子の振動の振幅を大きくするという形で蓄えられる．

したがって固体の"温度が高い"ということは，**図 15・2** に示すように，

15・2 ミクロから見た熱と温度

(a)　　　　　　　　(b)

温度の低い状態　　　温度の高い状態
振幅が小さい　　　　振幅が大きい

図 15・2　固体における温度（図 8.6 参照）

固体中の原子・分子の振動の振幅が大きいということである．手を触れたときに"熱い"と感じるのは，この振動の運動エネルギーが我々の手に伝わるからである．

ところで同じ固体でも，金属について考える場合には，エネルギーを蓄えるメカニズムとして，少し違った形態を考える必要がある．

7・4 節で述べたように，金属の中では，原子と原子の間を電子が活発に動き回っている．この自由電子の並進の運動エネルギーとしてエネルギーが蓄えられるのである．すなわち，並進運動の速度を大きくすることでエネルギーを蓄える．つまり金属の"温度が高い"ということは，金属中の自由電子の速度が大きいということである．

　上のような金属の場合についての説明が，単原子分子の気体の場合の説明とよく似ていることに気づかれた読者も多いことであろう．両者の説明では，金属中の自由電子と，気体中の原子とが対応している．

　真空中の自由電子の温度も，金属中の自由電子の場合と同じように考えることができる．

15・3 熱伝導性

熱伝導性の善し悪しを表すために，**熱伝導率**の値が用いられる．

熱伝導率 k は，ある面積 1 m² の面を通って 1 s 間に流れる熱量を，温度勾配で割ったものとして定義される．すなわち，面積 1 m² の面を通って 1 s 間に流れる熱量を Q，温度勾配を $\varDelta T$ とすると，以下のようになる．

$$k = \frac{Q}{\varDelta T}$$

熱量の単位として J（J は"**ジュール**"と読む），温度の単位として K（K は"**ケルビン**"と読む）を用いると，熱伝導率 k の単位は W/(m・K) となる．ここで W は"**ワット**"と読む．

温度勾配とは，ここでは，単位長さ当たりの温度変化と考えてよい．したがって，単位としては K/m となる．

W は J/s と書くこともできる．すなわち，1 s 当たりの熱量の大きさを表す単位である．したがって Q の単位は W/m² である．

なお以上の説明から分かる通り，熱伝導率の値が大きいほど"熱伝導性が良い"ということになる．熱伝導率の定義について，図 15・3 に図示した．

熱伝導率について，もう少し簡単な定義は"**厚さ 1 m の板の両面に 1 K の温度差があるとき，その板の面積 1 m² を通して 1 s 間に流れる熱量のこと**"というものである．

図 15・3 熱伝導率の定義

15・3 熱伝導性

さて，いろいろな物質の熱伝導率を，融点や電気抵抗率と共に**表15・2**に示した．金属が熱伝導性に優れていることは誰もが予想するところであろうが，ダイヤモンドやサファイアの熱伝導性が優れているのには，驚く読者も多いのではないだろうか．

熱伝導性が良い物質はもちろんのこと，反対に，熱伝導性が悪いような物質も，材料としてまた有用である．人類が火を使い始めた初期の頃から，熱伝導性の良いモノは鍋や釜のような調理器具に，熱伝導性の悪いモノは，かまどの材料，防火用の壁材などに利用されたことであろう．

表15・2 いろいろな物質の熱伝導率，融点と電気抵抗率

名 称	融点 (°C)	熱伝導率 (W/(m·K))	電気抵抗率 ($\times 10^{-8}$ Ω·m)
タングステン	3407	177 (0 °C)	7.3 (100 °C)
鉄	1536	83.5 (0 °C)	14.7 (100 °C)
銅	1085	403 (0 °C)	2.23 (100 °C)
アルミニウム	660	236 (0 °C)	3.55 (100 °C)
マグネシウム	650	157 (0 °C)	5.6 (100 °C)
ナトリウム	98	142 (0 °C)	9.7 (100 °C)
ダイヤモンド	—	3010	—
グラファイト	—	80〜230 (0 °C)	—
ケイ素	1412	168 (0 °C)	—
ゲルマニウム	938	67 (0 °C)	—
水晶	1610	9.3 (70 °C)[a] 5.4 (70 °C)[b]	—
石英ガラス	約1600	1.4 (0 °C)	—
砂	—	0.3 (20 °C)	—
磁器	1100〜1400	1.5 (常温)	—
コンクリート	—	1 (常温)	—
サファイア	2054	450	—
アルミナ	—	21 (常温)	—
石膏	—	0.13 (常温)	—
氷	0	2.2 (0 °C)	—
ナイロン	—	0.27 (常温)	—

[a] 軸に平行な場合
[b] 軸に垂直な場合

また最近では，熱とは一見無関係に思える LSI（大規模集積回路のこと）の開発においても，こうした熱伝導に関する問題の解決が技術上の重要課題になっている．LSI に縦横に電流が流れると，熱が発生する．小さな空間にこもるように発生した熱は，熱に弱い半導体回路を壊してしまう危険性がある．熱を逃がすために，基板に熱伝導性の良い材料を使うことが考えられるが，同時に電気伝導性があってはならないので金属などは利用できず，結局，絶縁体で熱伝導性の良いサファイアなどが使われることになる．このような基板材料としてはほかに，酸化ベリリウムを少量添加した炭化ケイ素，酸化イットリウムを少量添加した窒化アルミニウムなどが開発され，実用化されている．

　絶縁体で，最も熱伝導性の良い物質はダイヤモンドである．

15・4　ミクロから見た熱伝導のメカニズム

　原子や分子といったミクロなレベルから，熱伝導という現象を考えてみよう．

15・4・1　気体における熱伝導のメカニズム

　気体の場合は，エネルギーを持った原子・分子の運動が，熱を伝えるということになる．例えば，対流といわれる現象などを思い浮かべるとよいであろう．15・2・1項で触れたように，軽い気体原子ほど大きな速度で運動しているので，水素やヘリウムなどの軽い気体ほど熱を良く伝えることになる．

15・4・2　固体における熱伝導のメカニズム

　固体の場合は，原子・分子の振幅の大きな振動が伝わっていくということが，熱が伝わるということになる．

15・4　ミクロから見た熱伝導のメカニズム

振幅の大きな振動が移動する

図 15・4　共有結合性結晶における熱伝導のメカニズム

　いま特に，まず共有結合性結晶を考えよう．結晶内では共有結合した原子の振動として熱エネルギーが蓄えられている．結合はどこまでも続いているので，ある末端に加えられた熱エネルギーは振幅の増加となって，速やかに伝わり，振動のエネルギーが移動する．共有結合性結晶であるダイヤモンド，サファイアなどでは，このようにして熱が伝わっていく．**図 15・4** に，この様子を模式的に示した．

　ところで，単結晶の酸化アルミニウム（これは，サファイアである）や単結晶の二酸化ケイ素（これは，水晶）は熱伝導率が良いのに，それらの微結晶を焼き固めた陶磁器などのセラミックスが，あまり熱を伝えないのはどうしてであろうか．その原因は，微結晶の境界面にある．微結晶と微結晶との間で結合が途切れ，エネルギーの移動効率が悪くなっているためである．

　　実は，振動のエネルギーが移動することによって生じる熱伝導の様子は，上で述べたほど単純なものではない．振幅の伝わり方は温度によって変化し，極低温で最も伝わりやすくなったりする．

　さて，ところが同じ固体でも，金属について考える場合には，また別のメカニズムを考慮しなければならない．金属での熱伝導は，もっぱら自由電子の運動によっている．この自由電子の運動が活発なので，金属は熱を伝えやすい．また自由電子は電気伝導をも担っているから，金属では，電気伝導率と熱伝導率とがほぼ比例することになる．

電気伝導率と熱伝導率とがほぼ比例するので，電気抵抗率と熱伝導率とはほぼ反比例する．この様子は表15・2から分かるであろう．

15・5　耐熱性

ある材料について**耐熱性**が高いというのは，高い温度まで変質せず，形も変わらないということである．"変質しない"ということは化学的性質に関することで，酸化などを受けにくいということだし，"形が変わらない"とは物理的性質に関することで，融点が高いということである．

金属やケイ素などの酸化物は，それ以上酸化されないので，高温で酸素のある条件下でも変質しないものが多く，高い耐熱性を示す．

一方，強い共有結合からなる結晶は融点が高く，耐熱性に優れている．金属結合は共有結合より弱いので金属，特に典型金属の融点は高くない．

共有結合からなる結晶どうしでは炭素，ケイ素，ゲルマニウムと，周期表上での位置が下になるにつれて，融点は下がる．これは結合距離が長くなり，結合が弱くなるためである．

練習問題

1. 高分子化合物，金属，セラミックス，ガラスの熱的特性を比較せよ．
2. 以下について，熱伝導性の良いモノと悪いモノとを選び出せ．
ナトリウム，アルミニウム，銅，金，鉄，水銀，青銅，ダイヤモンド，ケイ素，スズ，水晶，氷，サファイア，パイレックスガラス，ポリエチレン，ナイロン，木材，石膏，紙，ゴム，コルク，磁器
3. 湯飲み茶碗が釉薬ばかりのガラス質でできていたら，どのような不都合が起こるか．
4. 普通の有機高分子樹脂に比べて，シリコン樹脂の耐熱性が高いのはなぜか．

16

物質の電気的特性

　人類は古くから，自然界に起こる電気的な現象を知っていた．しかし人類が電気を縦横に利用することができるようになったのは，電気と磁気との関連が学問的に明らかにされ，電磁気学の体系が完成したこと，そして，こうした理論を基に様々な方法で電気を作り出し，運び，いろいろなエネルギーに変換できる技術が確立したことによってである．

　しかし，これは物質の**電気的特性**が全て解明されたということではない．ごく最近に至っても，金属酸化物が示す超伝導性など，これまで思いも掛けなかった現象が発見され，新しい分野を切り拓いている．

　あらためていうまでもなく，現代の文明は情報技術も含めて，多くの部分を電気に負っている．電気的な現象を技術として利用しようという場合，その目的に適合した材料がなければならない．適切な材料が得られて，初めて技術は実用化される．現代の技術者にとって，物質の電気的特性は最も重要な基礎知識といえるであろう．

16・1　電気的特性のいろいろ

　物質の電気的特性の中で，最も基本となるのは**電気伝導性**であろう．電気伝導性の善し悪しを表すためには**電気伝導率**の値が用いられる．電気伝導率の値が大きいほど，電気伝導性が良いということになる．

いま断面積 a, 長さ l の棒の両端に電圧 V を掛け,電流 I が流れたとする．このとき**オームの法則**として知られているように，以下の関係が成り立つ．

$$I = \sigma \frac{a}{l} V$$

ここで，σ（"シグマ"と読む）を**電気伝導率**という．断面積の単位として m^2，長さの単位として m，電圧，電流の単位としてそれぞれ V（V は "**ボルト**"と読む），A（A は "**アンペア**"と読む）を用いると，σ の単位は S/m となる．なお，ここで S は "**ジーメンス**"と読む．

> 上の説明から分かるように，σ は "**長さ1mの棒の両端に1Vの電圧を掛けたとき，その棒の断面積 1 m^2 を通して流れる電流の大きさのこと**" と理解することができる．ここで述べた電気伝導率の定義と，15・3節の熱伝導率の定義とを比較すると面白いであろう．
>
> **オームの法則**については物理学の講義，特に "電磁気学" の講義において，くわしく学ぶはずである．

ところで電気伝導性の善し悪しを表す値としては，電気伝導率と共に**電気抵抗率**が用いられる．**電気抵抗率** ρ（"ロー"と読む）は電気伝導率 σ と次の関係にある．

$$\rho = \frac{1}{\sigma}$$

したがって電気抵抗率の値が小さいほど，電気伝導性が良いということになる．σ の単位が S/m であるとき，ρ の単位は $\Omega \cdot m$ である．なお，ここで Ω は "**オーム**"と読む．

> 各種のデータブックやテキストにおいても，電気伝導率と電気抵抗率の両方が用いられている．混同しないように，またそれぞれの数値の意味をきちんと理解しておくことが重要である．

物質は電気伝導率の大きさによって，**表 16・1** のように大別される．それ

16・2 良導体と超伝導体

表 16・1 電気伝導率による物質の分類

導 体	超伝導体（リニアモーターカーや MRI 装置などの電磁石） 良導体（導線） 半導体（トランジスター，集積回路）
絶縁体	通常の絶縁体（高圧送電線の碍子，一般の絶縁部品） 強誘電体（コンデンサー，圧電素子）

```
-22 -20  -16  -12  -8  -4  0  4  8  12  16  20 22
├──絶縁体──┤├──半導体──┤├─良導体─┤├──超伝導体──┤
  ポ    ガ    ヒ ポ ケ  ゲ グ ニ 水 金           鉛
  リ    ラ    化 リ イ  ル ラ ク 銀           (4K)
  ス    ス    ガ ア 素  マ フ ロ ・
  チ         リ セ     ニ ァ ム 銅
  レ         ウ チ     ウ イ 線
  ン         ム レ     ム ト
              ン
```

図 16・1 物質の電気伝導率の分布（対数で表示）

それの境界はそれほど明確なものではないが，大雑把に，電気伝導性を持つものを**導体**，そうでないものを**絶縁体**と呼んで区別している．前者はさらに超伝導体，良導体，半導体などに，後者は強誘電体などに分類される．それぞれについては 16・2 や 16・3 節，16・6 節でくわしく述べる．

実際の物質の電気伝導率は**図 16・1** に示すように，絶縁体の 10^{-22} S/m という値から超伝導体の 10^{22} S/m 以上まで，広い範囲にわたっている．

16・2 良導体と超伝導体

16・2・1 良導体

電気伝導率が 1 S/m 以上の，有限の値を示す物質を**良導体**と呼ぶ．銅，金，銀，ナトリウムなどの金属のほか，グラファイトなどがこれに属している．代表的な良導体を**表 16・2** に示した．

表 16・2　代表的な良導体

名　称	電気伝導率 ($\times 10^7$ S/m)	名　称	電気伝導率 ($\times 10^7$ S/m)
リチウム Li	1.2	銅 Cu	6.5
ナトリウム Na	2.4	鉄 Fe	1.1
カリウム K	1.6	亜鉛 Zn	1.8
マグネシウム Mg	2.5	スズ Sn	0.87
アルミニウム Al	4.0	水銀 Hg	0.11
金 Au	4.9	グラファイト C	0.23[a]
銀 Ag	6.8		0.00005[b]

[a] へき開面に水平な方向に対して
[b] へき開面に垂直な方向に対して

　表 16・2 に示すように，金属は 10^7 S/m 程度の電気伝導率を持っている．また，周期表上の位置と電気伝導率との間には，はっきりとした関連は認められない．グラファイトは，へき開面に水平な方向では金属と同程度の電気伝導率を示すが，これと垂直方向にはほとんど電気を通さない．

　図 8・7 に示したようにグラファイトは層状構造をしており，グラファイトは，この層に沿って簡単に割れる．このときの面を，へき開面と呼ぶ．

16・2・2　超伝導体

　電気抵抗率が 0 になる物質を**超伝導体**と呼ぶ．また同じように，電気抵抗が 0 で電流が流れる現象を超伝導現象，または単に超伝導といい，そのような物質の特性を**超伝導性**と呼ぶ．

　超伝導性の発見の歴史は古く，1911 年，低温科学の開拓者カマリング・オネスが，4.2 K という極低温に冷やした水銀において観察したことにまでさかのぼる．超伝導性を示す物質は限られており，また，この性質は温度が低くないと現れないことが特徴的である．代表的な超伝導体を，臨界温度と共に**表 16・3** に示す．

　超伝導性を示す最高温度を**臨界温度**という．例えば臨界温度が 77 K であると

16・2 良導体と超伝導体

表16・3 代表的な超伝導体

名　称	臨界温度 (K)
単体	
Al	1.196
Hg	4.154
Nb	9.23
Pb	7.193
化合物	
Nb_3Al	18.8
$Nb_{0.79}(Al_{0.73}Ge_{0.27})_{0.21}$	21.05
合金	
$Nb_{0.75}Zr_{0.25}$	10.8
酸化物	
$Bi_2(Sr, Ca)_4Cu_3O_x$ [a]	110
$RBa_2Cu_3O_{7-\delta}$ [b]	90〜95
有機化合物	
$(BEDT-TTF)_2Cu(NCS)_2$ [c]	10.4

[a] x は確定していない
[b] R は Y, La, Nd, Sm, Eu, Gd, Dy, Ho, Er, Tm, Yb
[c] BEDT-TTF の構造式は，以下の通り

BEDT-TTF

いうときは，77 K 以下の温度では超伝導性を示すが，それ以上の温度では超伝導性を示さないということである．

ところで超伝導体の研究は，より高い臨界温度を示す材料を探すことを中心に繰り広げられてきた．これまでの臨界温度は数 K という場合が多く，このような極低温を実現するためには取り扱いが難しく，また高価で，資源的にも貴重な液体ヘリウムを使う必要があった．もし臨界温度が高くなり，取り扱いが簡単で，安価な液体窒素により実現できる 77 K 以上の温度で超伝導性を示すような物質が見つかれば，超伝導体はより身近な材料となる．

このような状況の中で金属や合金だけにとどまらず，TTF 関連化合物の

ような有機化合物においても超伝導性が認められた．1986年には，金属酸化物に超伝導性が見出され，しかもその臨界温度が77K以上になるということで，大きなセンセーションとブームとを巻き起こした．これが"高温超伝導フィーバー"であった．

金属酸化物における超伝導性の発見はそれまでの常識を覆すもので，ようやく確立したかに見えた超伝導現象に関する理論では説明のつかないものであった．こうして"超伝導の科学"は新しい局面を迎えたのである．

さて77K以上の高い臨界温度を持つにもかかわらず，金属酸化物を材料として利用した超伝導磁石などの装置は2002年現在，まだ実用化されていないようである．これは，このような金属酸化物を細い導線に加工したとき，十分な強度が得られないためであるという．たとえ，ある1つの機能が優れていても，他の特性が劣っていては実用にならないという一例である．

16・3 半導体

良導体と絶縁体の中間の大きさの電気伝導率を持つ物質を**半導体**と呼ぶ．具体的には，およそ 10^{-1} S/m から 10^{-5} S/m の電気伝導率を示す物質である．

半導体は現代の技術を支える最も重要な材料である．半導体は単に電気を伝えるというだけでなく，条件に応じてその電気伝導性を変化させたり，光学的特性などの他の機能性と結びつくなどして，広い応用を見せる．

表16・4に代表的な半導体を示した．ケイ素，ゲルマニウムなどの単体のほか，ヒ化ガリウム，リン化インジウムのような第13-15族化合物，酸化亜鉛，硫化カドミウムなどの第16族元素の金属化合物などがある．

第13-15族化合物は，**III-V化合物**と呼ばれることも多い．

電気伝導率の大きさによる物質の分類によれば，まだ強誘電体についての説明が残っている．しかしこれは16・6節に回し，ここでは良導体や半導体に

表16・4 代表的な半導体

名　称	電子移動度[a] ($\times 10^{-4}$ m²/(V・s))	正孔移動度[a] ($\times 10^{-4}$ m²/(V・s))
ケイ素 Si	1500	500
ゲルマニウム Ge	3600	1800
ヒ化ガリウム GaAs	9700	420
リン化インジウム InP	3400	50
硫化カドミウム CdS	210	

[a] いずれも，300 K における値

おける電気伝導のメカニズムをミクロな視点から理解することにしよう．

16・4　ミクロから見た電気伝導のメカニズム

16・4・1　良導体の電気伝導のメカニズム

"電気が伝わった"ということは"電荷を持った何物かが移動した"ということである．電荷を持っていて，動くことができるのは電子，陽イオン，陰イオンである．すなわち，これらが電気伝導の担い手となる．

金属は一般に良導体であるが，これは金属原子の価電子が，原子の間を次々と移動していくことができるからである（7・4節参照）．グラファイトも良導体として知られているが，その電気伝導のメカニズムは，共役系を通してのパイ電子の移動による（65ページ参照）．

16・4・2　半導体の電気伝導のメカニズム

半導体では，電子による電気伝導とともに，**正孔**による電気伝導が見られることが特徴的である．

半導体としてよく知られている純粋なケイ素 Si では，共有結合の切断が原因で電気伝導が起こる．いま，共有結合が切断したとする．すると不対電

図 16·2 半導体の電気伝導のメカニズム．Si における正孔と電子

子が生じ，この電子は結晶中を自由に動き回って，電気を伝えることになる．ところで一方，このような電子の抜けた"孔"はプラスに帯電する．これが**正孔**である．ところが，このように"孔"の空いた状態は不安定なので，隣の結合から電子が移ってきて結合を回復し，正孔が消滅する．しかし同様に，このとき電子を与えた隣の結合は切断されたことになりプラスに帯電，すなわち正孔が生じる．このような結合の切断の移動が，すなわち正孔の移動であることは理解できよう．正孔はプラス電荷を持っているから，この移動により電気が伝わることになる．

　以上の様子を模式的に**図 16·2** に示した．またこのような正孔と，電子の結晶中での動きやすさは物質によって異なる．表 16·4 に示した正孔移動度や電子移動度といった値はこれを表すものである．値が大きいほど，動きやすいことを意味している．

　ところで半導体の電気伝導率は，温度が高くなるにつれて大きくなる．これは温度が高いほど，切断される結合の数が多くなり，電子と正孔の数が増えるからである．このような温度依存性は，金属と反対である．金属では温度が高くなると電子の衝突の機会が増し，電気伝導率は小さくなる．

```
    │   │   │   │
  ─Ga─As─Ga─As─
    │ ↑ │ ↑ │ ↑ │ ↑
  ─As─Ga─As─Ga─
    │   │   │   │
  ─Ga─As─Ga─As─
    │ ↑ │ ↑ │ ↑ │ ↑
  ─As─Ga─As─Ga─
    │   │   │   │
```

図 16・3　ヒ化ガリウム GaAs の結合

さて半導体には，ヒ化ガリウム GaAs のような化合物もある．このような化合物が半導体となるのはどうしてであろうか．

ガリウム Ga は第 13 族元素であるから最外殻電子の数は 3 個であり，ヒ素 As は第 15 族元素であるから最外殻電子の数は 5 個である．ここで**図 16・3** において矢印で示したように，As の原子が電子 1 個を Ga の原子に与えると両者は第 14 族元素どうしの結合と同じように共有結合で結びつけられることになる．したがって第 14 族元素で，半導体である Si と同じような特性を示すことが期待される．このようにして，化合物 GaAs は半導体になるのである．

　上のようなメカニズムで生じた共有結合は，7・3・6 項で述べたように配位結合と呼ばれる．
　半導体の電子構造については光起電性などと関連させて，18・5 節でも述べる．

16・5　固体電解質

最近，材料として**固体電解質**が注目されている．これは固体でありながら，その中をイオンが移動することができ，そのために電気伝導性を示す材料である．セラミックス，ガラス，高分子化合物のものが知られている．

例えば無機物質では，Y_2O_3 を溶かした ZrO_2 がある．ZrO_2 の Zr^{4+} に代わって格子の中に Y^{3+} が入り込み，電荷のバランスをとるために Y^{3+} の周りに O^{2-} の欠けた場所ができる．そこを，O^{2-} が移動していくことによって電気が伝わる．

また高分子固体電解質は，ゲル状に固まったポリマーに無機塩を溶かして作られる．ポリマーとしてはポリエチレンオキシドなどが用いられ，無機イオンの移動が電気伝導の原因となる．このような高分子固体電解質を使えば，薄膜状の全固体の電池を作ることができ，折り曲げることも可能な"ペーパー電池"も実現するという．携帯電話の軽量化には，このような技術が大きく貢献している．

ゲル状とは，寒天の固まったような状態である．ゼリー状ともいいかえることができる．

16・6　強誘電体

よく調べてみると，絶縁体にもいろいろなものがある．その中で，特に材料として注目されるのは**強誘電体**である．

ある物質について外から電場を加えたとき，物質が示す，その外からの電場の作用を打ち消そうとする性質を**誘電性**という．そして，特にそれが大きい場合を**強誘電性**と呼ぶ．また誘電性，強誘電性を示す物質をそれぞれ**誘電体，強誘電体**と呼ぶ．

実は誘電体という呼び名は，**絶縁体を誘電性という見地から見たとき**の名前である．

さて，そもそも誘電性は，分極している分子に見られる性質である．いま，このような分子をコンデンサーの電極間に満たすと，分子は整列して，図 16・4 のように，向き合った部分の電極の電荷を打ち消してしまうようになる．このため電極間に何もないときに比べ，電極の間に誘電体が満たされ

図 16・4 コンデンサーの電極間に満たされた誘電体

表 16・5 代表的な強誘電体

名　称	比誘電率
ダイヤモンド	5.7
雲母	7.0
メタノール[a]	32.6
ベンゼン[a]	2.28
酒石酸カリウムナトリウム[b]	4000（室温）
チタン酸バリウム	～5000（室温）

[a] ただし，気体の場合
[b] ロッシェル塩とも呼ばれる

たときは，コンデンサーはより多くの電気量を蓄えることができるようになる．このときの電気量の比を比誘電率と呼ぶ．これは誘電性の大きさの目安になり，強誘電体は比誘電率の値が大きい．比誘電率の例を**表 16・5**に示す．

上のように，コンデンサーに蓄えられる電気量が大きくなることを"静電容量が大きくなる"という．これらの現象の，よりくわしい点については物理学の講義，特に"電磁気学"の講義において学ぶことであろう．

分極の大きいものほど，大きな比誘電率を示すことは明らかであろう．

図 16・5　ペロブスカイト型構造をした $BaTiO_3$ の分極
(a) ペロブスカイト型構造
(b) 分極の発生

　強誘電体の代表例として，**チタン酸バリウム** $BaTiO_3$ を挙げることができる．その比誘電率は，表 16・5 にも示したように 5000 にも達する．チタン酸バリウムは，**図 16・5** に示すような**ペロブスカイト型構造**という特殊な構造をしている．図 16・5 (a) に示すように，中心に位置する Ti^{4+} は大きな電荷を持っているうえサイズが小さいので，周りを O^{2-} で囲まれているものの自由に動ける範囲が大きい．このため外から電場が掛かると (b) のように Ti^{4+} は大きく動いて，大きな分極を作る．このようにして $BaTiO_3$ は高い比誘電率を示す．

　Ti^{4+} は，あくまで O^{2-} で囲まれた"檻"の中を動くだけで，"檻"の外には出られない．外に出てしまうと，これは電気伝導になってしまう．

　実際においては，強誘電体はコンデンサーの材料として重要である．電子回路には半導体だけでなくコンデンサー，抵抗，電池なども必要であり，こ

うした回路の小型化のためには，コンデンサーの小型化も要求される．このために，強誘電体は必要な材料となっている．

また強誘電体は，電場が掛かるとその方向に縮み，大きく歪む．逆に，強誘電体に力を加えて圧縮すると，電場が発生する．このとき強誘電体の両端に生じる高電圧によって火花を飛ばせば，これを利用した自動点火器を作ることができる．また同じ原理によって，圧力センサーを作ることもできる．

練習問題

1. 高分子化合物，金属，セラミックス，ガラスの電気的特性を比較せよ．
2. 以下を電気伝導に関して絶縁体，良導体，半導体に分類せよ．また，低温で超伝導体になるものはどれか．

    鉛筆の芯，琥珀，アルミ缶，ペットボトル，木材，花崗岩，石灰岩，水晶，液体窒素，固体の酸化鉄 (II)，固体の酸化アルミニウム，固体の塩化ナトリウム，ベンゼン，トルエン，酸化チタン，硫化亜鉛，高温で融解した酸化アルミニウム，加熱して融解したショ糖，ヒ化ガリウム，硫黄，セレン，ヨウ素，スズ，ニッケル，白金，水銀，亜鉛，ケイ素，塩化ナトリウム水溶液，ヨウ素のベンゼン溶液，ショ糖水溶液

3. 以下において，電気伝導の担い手は何か．
    (a) 金属銅　　(b) 金属タングステン　　(c) 真鍮
    (d) 融解した塩化ナトリウム　　(e) 塩化ナトリウム水溶液
    (f) ケイ素単結晶
4. ヒ化ガリウム GaAs が半導体になるのは，なぜか．
5. 強誘電体を利用すると，コンデンサーを小さくすることができる．この理由を述べよ．

17 物質の磁気的特性

物質の磁気的特性は，我々にとって親しいものである．子供のころ，磁石を使い，砂鉄をとって遊んだ経験のある読者も多いことであろう．

技術の面から見ても，物質の磁気的特性は身の回りで重要な働きを演じている．フロッピーディスクやビデオテープは，いまや日常生活に欠くことのできないものであるし，病気の診断においてはMRIが活躍している．

本章を通し，あらためて物質の磁気的特性についての理解を深めていこう．

17・1 いろいろな磁性

物質が磁石に吸い付けられたり，あるいは磁石になったりする性質のことを物質の**磁性**といい，その物質のことを**磁性体**と呼ぶ．磁性体は，磁場中に置かれたときの振る舞いによって，図17・1に示すように，いくつかに分類される．

```
          ┌─ 常磁性体 ──┬─ 強磁性体
          │            └─ 一般の常磁性体
          └─ 反磁性体 ──┬─ 反強磁性体
                       └─ 一般の反磁性体
```

図17・1　磁性体の分類

17・1　いろいろな磁性

まず最も大きな分類は，**常磁性体**と**反磁性体**という分類である．**常磁性体**とは，磁石が近づくと吸い付けられる性質を持ったもので，一方，**反磁性体**とは，磁石に反発する性質を持ったものである．さらに常磁性体のうち，自身が磁石になりうる性質を持つものは**強磁性体**と呼ばれる．

反強磁性体と呼ばれる物質もあるが，これについては17・4節で触れる．

常磁性体，反磁性体，強磁性体，反強磁性体が示す磁性そのものをそれぞれ，**常磁性**，**反磁性**，**強磁性**，**反強磁性**と呼ぶ．

一般の物質は，人間の構成要素を含めてほとんどが反磁性体である．MRI装置などが発生させる強い磁場中でも，我々が"反発力"を感じないのは，物質が示す反磁性が小さいからである．

ここで簡単に，ミクロな視点から常磁性体と反磁性体との違いについて眺めておこう．常磁性体は磁場中に置かれると，その外からの磁場の作用を打ち消すように，自身が持つ磁気モーメントを，磁場の方向と反対向きにそろえて配列させる．しかし一方，反磁性体は，外から加えられた磁場と同じ向きに磁気モーメントの方向をそろえてしまう．このような結果，マクロには，それぞれの磁性体は**図17・2**に示すように**磁化**する．こうして常磁性体は磁石に吸い付けられ，反磁性体は磁石と反発する．

図17・2　常磁性体と反磁性体の磁化

17・2 磁性はどのようにして生じるか

3・2節で学んだように，1個ずつ独立して存在する電子は強い磁性を持っている．それは，電子の自転によって生まれる**スピン磁気モーメント**によるものであった．しかし6・4節で見たように，電子が原子の中に収容されると，大部分の磁性は失われてしまう．これは反対の方向のスピンを持つ電子どうしが対を作り，互いの磁性を打ち消してしまうからである．対になり損ねた**不対電子**と呼ばれる電子だけが，磁性の原因となる．

本節で単に"磁性"というときには，常磁性または強磁性を意味する．

こうした様子を，原子番号の順に元素を追って見ていこう．まず水素原子は1個しか電子を持たず，それが不対電子なので磁性を持つ．しかし，ヘリウム原子では2個の電子が対になっていて磁性を持たない．次の，リチウム原子では最外殻のL殻の電子1個だけが磁性を生み出す．続く，ベリリウム原子の電子配置は

$$(1s)^2(2s)^2$$

であるから電子が対になっており，再び磁性を示さなくなる．炭素原子では

$$(1s)^2(2s)^2(2p_x)^1(2p_y)^1(2p_z)^0$$

なので，最外殻にある電子2個分の磁性を持つ．

炭素原子の電子配置は

$$(1s)^2(2s)^2(2p_x)^0(2p_y)^1(2p_z)^1$$
$$(1s)^2(2s)^2(2p_x)^1(2p_y)^0(2p_z)^1$$

と書いてもよい．

しかし水素原子，リチウム原子，炭素原子などの最外殻にある不対電子はエネルギーが高く不安定なため，共有結合などを作ることによって，その不安定さを解消しようとする．我々の体には水素，炭素が多く含まれているが，それらはこのような事情で結合を作り，原子の状態にはないので，我々の体が磁石に吸い付けられることはない．このようにして，我々が日常接す

17・2 磁性はどのようにして生じるか

図17・3 鉄原子の電子配置．3d軌道への電子の詰まり方

る物質は磁性を示さなくなっている．

だが一方で，原子中で不対電子が安定に存在し，したがって強い磁性を示す例外的な原子も存在する．このような不対電子はd軌道とf軌道に存在し，これら2つの軌道は内殻にあって安定性が高い．5個あるd軌道，7個あるf軌道へフント則にしたがって電子を詰めていくと，同じ方向のスピンを持った不対電子が何個かそろう．

例えば，第26番元素の鉄の場合，原子の電子配置は次のようになっている．

$(1s)^2(2s)^2(2p)^6(3s)^2(3p)^6(4s)^2(3d)^6$

5つある3d軌道は6個の電子によって図17・3のように占められており，4個の不対電子が磁性の原因となる．

f軌道に電子を持つランタノイドの原子は，さらに大きな磁性を示す．第63番元素であるユーロピウムの原子では，7つあるf軌道に1つずつの電子を持ち，不対電子7個分の磁性を示す．

原子が磁性を持っていても，分子になると磁性が失われることが多い．すでに述べたように，原子の磁性の原因である不対電子は共有結合を作ると対になって磁性を示さなくなってしまうし，イオン結合を作るときも，電子の移動で不対電子がなくなり，同じように磁性が失われてしまうからである．

このように，多くが結合を作ることで磁性を失ってしまう中，化合物になっても磁性を保つものがある．それは，鉄やコバルトのような遷移金属である．これらの原子においてはd軌道，f軌道の不対電子のエネルギーが低く，結合に関与しにくいためである．

とはいえ，d 軌道の電子が結合に参加する場合もある．ヘキサシアノ鉄（II）酸カリウム $K_4[Fe(CN)_6]$ は，このような事情で磁性を示さない．

17・3　物質構造の複雑化と磁性

前節で，鉄原子が強磁性を持つことを明らかにした．それでは，鉄原子が金属結合で結びついて集合した，鉄の結晶は強磁性を持つであろうか．答えは"必ずしも，そうとは限らない"である．原子の集合の仕方によっては，隣り合うどうしでスピン磁気モーメントの方向が反対になり，原子の状態で持っていた強磁性を失うことも多いのである．

スピン磁気モーメントの方向がそろって並び，結晶が強磁性を示すか，反対向きに並んで強磁性が打ち消されてしまうかは，原子の集合の仕方，すなわち結晶の仕方や温度などによって変わる．例えば鉄の場合，結晶の仕方にはいくつかあり，室温で安定な α 鉄は **図 17・4** に示すような体心立方構造をしており，強磁性を示す．しかし，温度を上げていくと 770 ℃ で常磁性になる．

それではさらに，α 鉄のような強磁性を示す結晶がたくさん集まって"塊"になったときに，常に強磁性を示すかというと，これもそうとは限らないのである．このようなことは，普通の鉄製の道具が磁石に吸い付けられることはあっても，他の鉄製品を吸い付けるような磁石としての働きを持た

図 17・4　α 鉄の結晶構造

ないことからも分かるであろう．

　このような現象は鉄の"塊"が，**磁区**と呼ばれるいくつかの領域に分かれていることから起こる．ある1つの磁区の中ではスピン磁気モーメントの方向がそろっているのに，磁区ごとで，このスピン磁気モーメントの方向がばらばらであるために，全体としては強磁性とはならないのである．

　磁性はこのように，物質構造の複雑化と共に，現れたり隠れたりする面白い特性である．

17・4　磁化と永久磁石

　前節で述べたような，磁区を持つ鉄の"塊"に，外から強い磁場を掛けてやると，磁区どうしのスピン磁気モーメントの方向がそろい，全体が磁石としての性質を示すようになる．このような現象を**磁化**と呼ぶ．長い時間，磁石に付けておいた鉄釘が他の鉄釘を吸い付けるようになったことを経験した読者もいるであろう．これが磁化である．

　　磁化によって強い磁石となった鉄の"塊"は，加熱によって，磁石としての性質を失ってしまう．これは磁気モーメントの方向が再び，それぞれの磁区の間でばらばらになるためである．この様子を**図17・5**に示した．

　鉄のような強磁性体に外部から磁場を掛け，磁化していく様子は，**図17・6**のような**磁化曲線**で表される．

　磁化していない強磁性体を磁場中に置き，磁場の強さを増していくと，まず図17・6の曲線aに沿って物質は磁石としての性質を高めていき，やがて点Aで示す飽和値に達する．この飽和値を飽和磁束密度と呼ぶ．さて，今度は磁場を弱めていくと，曲線bに沿って，物質は磁石としての性質を失っていく．やがて磁場の大きさは0になるが，このとき点Bに示すように，物質は磁石としての性質を残したままである．この値を残留磁束密度という．さらに磁場の方向を逆にして，その強さを増していくと点Cに達し，

ひとつひとつの小結晶（これを磁区と呼ぶ）の中で，原子の磁気モーメントが揃っていても，いろいろな方向の磁区が集まることで，磁性は打ち消される

加熱する　磁場をかける

強い磁場をかけると，磁区の磁気モーメントの方向が揃い，強い磁石となる

図 17・5　磁化

磁束密度 $+B$

飽和磁束密度

残留磁束密度

初磁化曲線

磁場 $+H$

保磁力

$-H$

$-B$

図 17・6　磁化曲線

図 17·7　反強磁性体

物質は磁石としての性質を失うことになる．このときの磁場の強さを保磁力という．

曲線 a は初磁化曲線と呼ばれる．

永久磁石として利用されるのは，残留磁束密度と保磁力の大きい材料である．残留磁束密度が大きければ，小型で強い磁石ができ，保持力が大きければ，時間が経っても強さの弱らない磁石ができる．

このように**強磁性体**は永久磁石として利用されることが多い．ところで，強磁性体の対極に存在するものとして**反強磁性体**がある．反強磁性体は**図 17·7**のように，不対電子を持った原子や分子が秩序正しく，お互いのスピン磁気モーメントを打ち消すように配列したものである．全体としては反磁性体になるが，普通の反磁性体とは異なった性質を示すので，特に反強磁性体と呼んで区別している．

17·5　強力な永久磁石

現代の技術において，磁石は大きな働きをしている．しかし大半は，我々の目につかないところで，小さな磁石が活躍しているのである．乗用車の中には 50 から 100 個もの永久磁石が使われているという．

前節までの考察から分かるように，ある物質が"塊"として強力な永久磁石になるためには，スピン磁気モーメントの方向がそろったままで集合が進み，かつ"塊"となったときには，いったん磁化すればそれが弱りにくいと

いう強い制約を乗り越えなければならない．しかし，どうすればスピン磁気モーメントをそろえることができるかという問いに答える理論はなく，強力な永久磁石作りは試行錯誤で進まなければならない．現実には，原子の状態で磁性の高い材料を選び，それを様々に組み合わせることによって，優れたものを見つけ出すという方法によっている．

　強力な永久磁石を作ることは，日本のお家芸である．明治時代，日本の物理学の建設者の1人であった本多光太郎（1870～1954）は1917年，画期的なKS鋼を創り出し，日本の物理学を世界の第一線に押し上げた．以後，本多の門下生を中心に，日本は磁性物理学を世界的にリードすることになる．現在においても，学術的な研究とともに，強力な永久磁石を作る材料の開発の面でも大きな成果を上げており，近年発明された希土類磁石は現在，最も強い永久磁石である．

　　希土類磁石にはコバルトサマリウム磁石とネオジム磁石とがあり，前者の例としては$SmCo_5$やSm_2Co_{17}を，後者の例としては$Nd_2Fe_{14}B$などを挙げることができる．

17・6　フェリ磁性

　特異な磁性に**フェリ磁性**がある．フェリ磁性を示す四酸化三鉄Fe_3O_4は，ビデオテープやフロッピーディスクなどに利用されている．ビデオテープの茶色い色は，このFe_3O_4の色なのである．

　Fe_3O_4は，Fe_2O_3とFeOとが1：1で結びついてできたものである．Fe_2O_3の鉄はFe^{3+}であり，不対電子は5個である．これに対してFeOの鉄はFe^{2+}であり，不対電子は4個である．このように，Fe_3O_4には磁性の異なる2種類の鉄が存在することになる．フェライトでは○で示したFe^{3+}と●で示したFe^{2+}が**図17・8**のように並んでいる．○のFe^{3+}のスピン磁気モーメントは交互に並んで打ち消しているが，●のFe^{2+}のスピン磁気モーメ

図 17·8　フェリ磁性

図 17·9　Fe_3O_4 の構造

ントは同じ方向に揃う．Fe^{3+} の分の磁性は打ち消されてしまうが，鉄のうちの 1/3 に当たる Fe^{2+} のスピン磁気モーメントが同じ方向を向くことになり，全体として磁性を示す．大部分の磁性は失われていることになるが，それでも十分に，フロッピーディスクやビデオテープなどの磁気記録の用途に利用できるのである．

17·7　MRI

磁気を応用した技術の中で，我々にもなじみの深いものに MRI（Magnetic Resonance Imaging）がある．図 17·10 に示すような装置を目にしたことのある読者も多いであろう．MRI は臨床診断に利用されるが，最近ではそれにとどまらず，テレビの科学番組にも登場して，体の構造や動きを実

図17・10　MRI(東芝メディカル(株)提供)

図17・11　脳の断層写真(東芝メディカル(株)提供)

際に見せてくれるような教育的な場面でも活躍している．

ところで本書では，これまで電子に関わる磁性だけを取り上げ，原子核については考えてこなかった．ところが実は ^{1}H，^{13}C など，磁性を示す原子核が存在しているのである．ただし，その大きさは電子の 1/2000 程度で，

普通の条件では問題にならない．しかし，この小さな磁性も，強い磁場の中では外に現れてくる．MRI は，この現象を利用するものである．

強い磁場中の水素原子は，その磁性によって存在が明らかにされる．さらに，その水素原子がどこに多く存在し，どこに少ないかは CT（Computerized Tomography）の技術を使って画像化することができる．このようにして，テレビの科学番組でもよく見かける，図 17・11 に示すような脳や体の断層画像が得られるのである．

強い磁場を作るためには超伝導磁石なども使われる．

練習問題

1. 次について，簡単に説明せよ．
   (a) 常磁性　(b) 強磁性　(c) 反磁性　(d) 磁化
   (e) フェリ磁性　(f) MRI
2. 以下を磁性を持つもの（すなわち常磁性体，または強磁性体）と，磁性を持たないもの（反磁性体）とに分類せよ．
   (a) 電子　(b) 水素原子　(c) ヘリウム原子
   (d) ケイ素原子　(e) コバルト原子　(f) 水素分子
   (g) ケイ素単結晶　(h) シラン SiH_4　(i) 鉄の結晶
3. 次の各組の，磁性の大きさを比較せよ．
   (a) ニッケル原子とコバルト原子　(b) 鉄原子 Fe と Fe^{2+}
   (c) Fe^{2+} と Fe^{3+}　(d) エタン C_2H_6 とエチレン C_2H_4
4. ネオジム Nd が強力な永久磁石の材料となるのは，なぜか．
5. 次のそれぞれの系列のうちで，磁性（すなわち常磁性，または強磁性）を示すものを指摘せよ．またそれぞれについて磁性を示す理由，または磁性を示さない理由を述べよ．
   (a) 電子→炭素原子→ダイヤモンド，グラファイト
   (b) 電子→鉄原子→鉄の結晶，酸化鉄，Fe^{2+}，$K_4[Fe(CN)_6]$

6. MRIによる診断を受けるとき，鉄製品を身につけていてはいけないのは，なぜか．

18

物質の光学的特性

　光は全ての生物を生み，育てた．そのような存在でありながら，しかし，我々の光に対する理解は必ずしも進んだものとはいえなかった．一方で光は，現代科学の展開に決定的な役割を果たしてきた．相対性理論や量子論における光の果たす役割の大きさを考えれば，これは十分に納得できるであろう．

　こうした中で同時に"光とは何か"という意識にも変化が生じ，それと共に，光と物質の関わりについての考察にも変化が生じてきた．古くから用いられてきたガラスが示すような光の透過や吸収による着色，屈折のほか，物質の新しい**光学的特性**に対する探求が始まったのである．

　21世紀は"光の時代"といわれている．20世紀の科学と技術が電気を基盤としていたのに対し，21世紀は光がそれに取って代わるだろうという予測である．次代に活躍する科学者と技術者にとって，物質の光学的特性に対する理解は不可欠なものといえるであろう．

18・1　光学的特性のいろいろ

　光に対する物質の振る舞いを，物質の**光学的特性**という．またそれが有用な場合には，特に**光機能性**と呼ばれる．

　物質の光学的特性にはいろいろなものがあり，その応用も広い．また物理

表 18・1 物質の光学的特性．左右で，それぞれ相対する特性が対比されるようにまとめた．カッコ内は，それらの特性を生かした材料や応用の例

物理的特性	光を透過させる．すなわち，光に対して透明である（光ファイバー，一般の窓ガラス）	光を吸収する．すなわち，物質に色がつく（遮光用ガラス，ペンキ）
	光を発生する（ナトリウムランプ，蛍光塗料）	
	電気-光変換が可能である（発光ダイオード，半導体レーザー）	光-電気変換が可能である（太陽電池）
化学的特性	感光性を示す（CD，写真，フォトレジスト）	光耐性を示す（日焼け止めクリーム）

的特性ばかりでなく，化学的特性も重要である．前者には，光の透過や吸収のような単純なものに加え，電気-光変換や光-電気変換のような電気的特性と複合したものがあり，また後者では感光性などが重要である．

18・5節で述べるように，光-電気変換は**光起電性**に基づく．また電気-光変換は**発光ダイオード**として応用されている．

表 18・1 に，このような物質の光学的特性についてまとめた．表15・1で見たように，ここでもある有用な特性と同時に，それと相対する特性もまた，有用であることが分かる．

18・2　光のプロフィール

ここで，光について簡単にまとめておこう．

まず，光は電磁波である．また光には短波，マイクロ波，赤外線，可視光線，紫外線，X線，ガンマ線などがあり，人間が感知することのできる可視光線は，光のほんの一部に過ぎない．このような光の名称と波長との関係を，**図 18・1** にまとめる．

マイクロ波や短波をまとめて，電波と呼ぶことがある．人間は光に対して，

18・2 光のプロフィール　　　199

図18・1　光の名称と波長の関係

それぞれ赤，緑，青に感応する3種類の感知器を持っていて，これら3つが，まんべんなく刺激されると白色（無色）と感じる．青色に感応するものが刺激されないときは，緑と赤の混合色である黄色と感じることになる．

さて技術的な視点から，光の特長をとらえてみると，次の4点が挙げられよう．

① 光は何よりも速く進む．したがって，情報を何よりも速く運ぶことができる
② 変調によって多様で，かつ大量の情報を運ぶことができる
③ レーザー光の利用によって，短い時間の間に"仕事"を済ませることができる
④ レーザー光を利用することにより，大きなエネルギーを小さな1点に集中して与えることができる

これらの特長を生かしながら，光は現代技術の主役としての道を歩みつつある．

18・3　光の透過と吸収

　物質の最も基本的な光学的特性は，**光に対して透明**であるということと，**色を持つ**ということであろう．この2つは，現象の表と裏の関係にある．色を持つということは，物質が光を**吸収**して透明さを失っていることであり，一方，透明であるということは，物質が色を持たず，光を吸収せずに**透過**させているということである．

18・3・1　光の吸収による機能

　物質に"色がつく"という現象は，その物質が可視光の一部を吸収してしまうことによって起こる．例えば，物質が青色の光を吸収してしまうと，その物質は黄色に見える．

　上のような青色と黄色の関係を，**補色**の関係という．

　本項とあわせて，6・5節や8・3・5項を見直すことをおすすめする．

　さて，どの色の光を吸収するかは，原子や分子の特性による．

　原子の場合の光の吸収は，6・5・1項や8・3・5項で見たように，電子が光からエネルギーをもらって，エネルギーの低い内側の軌道からエネルギー

の高い外側の軌道へ移るときに起こる．すなわち，その2つの軌道のエネルギー差 ΔE に相当するエネルギー ε を持つ振動数 ν の光が吸収されるのである．ε は，ν とプランク定数 h によって一般に $\varepsilon = h\nu$ と与えられるので，いまの場合

$$\Delta E = h\nu$$

で計算される振動数 ν の光が吸収される．

なお，振動数 ν と波長 λ の間には，c を光の速さとして，$\lambda = c/\nu$ の関係がある．

この関係を用いれば，上の式は $\Delta E = hc/\lambda$ となる．98ページを参照のこと．

原子が宇宙のどこに存在しようとも，その中の電子の軌道のエネルギーは同じであるので同じ振動数の光を吸収し，したがって宇宙のどこでも同じ色がつくことになる．

分子の場合は 8・3・5 項で見たように，結合によって新たに生じた結合性軌道から反結合性軌道への電子の移動によって，光の吸収が生じる．この光の吸収が，色がつくことの原因である．上の2つの軌道のエネルギー差は結合状態によって様々に変化するので，その結果，物質の色も様々になる．

このように光の吸収により，物質の色という機能が生まれるのである．

18・3・2　光の透過による機能

光に対して透明であるということも，物質の機能として重要である．これは特に，光ファイバーの材料を考えるときに顕著になる．

では光ファイバーの材料としては，どの程度透明であることが求められるのか，またそれを実現するためには，どのようなことが材料に求められるのかを考えてみよう．

いま図 **18・2** のように，強度 I_0 の光が濃度 c の物質の中を l だけ通過し，強度が I になったとしよう．このとき，光の透過度 I/I_0 は c に対して指数

図 18・2 光の吸収と透過

関数的に減少し，また l に対しても指数関数的に減少する．これらの関係をまとめると，次の式のようになる．

$$\frac{I}{I_0} = 10^{-cl}$$

したがって

$$\log_{10}\frac{I_0}{I} = \varepsilon cl$$

ここで ε は比例定数で，物質によって変わる．c をモル濃度 mol L^{-1}，l を cm で表したときの ε を**モル吸光係数**といい，100 から 10000（L mol^{-1} cm^{-1}）くらいの値を示す．

さて光ファイバーの材料としては，その中を光が 10 km くらい通った後でも，最初の 10% 程度の光が残っているというくらいの性能が要求されよう．すなわち，$I_0/I = 100/10$ である．また，いま仮に材料に不純物が混ざっていて，それが光を吸収するものとする．この不純物の濃度を c，ε を 1000（L mol^{-1} cm^{-1}）とすると，$l = 10$ km $= 10^6$ cm だから，$\varepsilon cl = 1000 \times c \times 10^6$ である．よって，上の式から

$$\log_{10}\frac{100}{10} = 1000 \times c \times 10^6$$

$$1 = 10^9 c$$

したがって，不純物の濃度は 10^{-9} mol L^{-1} 程度でなければならないことになる．光ファイバー材料の不純物として問題になるのは鉄であるといわれているが，このような値にまで鉄の濃度を減少させるには高い技術が要求される．

18・4　発光 ― レーザーについて ―

光の吸収と共に，**発光**も重要な現象である．発光は自然発光とレーザー発光とに分類でき，特に後者の**レーザー**は光技術の中で，いくら強調しても強調しすぎることはないというほどの役割を果たしている．身の回りを眺めても，夜空を彩るレーザーディスプレイ，レーザーポインター，また CD プレーヤーの中など，いろいろなところでレーザーが活躍している．

図 18・3　自然発光とレーザー発光
(a) 自然発光
(b) レーザー発光

本節では，レーザーについて簡単に説明することにしよう．

さて6・5・1項で述べたように光は，励起状態にある原子や分子において，エネルギーの高い外側の軌道を回っていた電子が，エネルギーの低い内側の軌道に落ちてくるときに，放出される．特別なことがなければ，この過程は一斉には起こらず，図18・3（a）に示すように，ある時間を掛けてバラバラに，すなわち時間に対して確率的に起こる．このようなメカニズムで光を放出するのが，自然発光と呼ばれる現象である．

これに対してレーザー発光は，図18・3（b）に示すように，この過程を一斉に起こす，すなわち強制的に光を放出させるのである．そのためには"刺激"がいるが，これにはまた，光を用いる．つまり，励起状態にある原子や分子の近くに，ちょうど上で述べた2つの軌道のエネルギー差に相当するエ

鏡　　　鏡

励起状態を作る　　　励起状態を作り出し蓄える

刺激となる光の入射

○ 基底状態
● 励起状態

レーザー光

レーザー発振させる
光の通る道筋で，励起状態から出る光と位相を揃えて
合併し高い強度の光の"塊"となって出ていく

図18・4　レーザーの仕組み

ネルギーを持った光を通してやるのである．すると，この光に合わせて，励起状態にある原子や分子が光を放出する．これがレーザー発光である．

実際のレーザー装置としては**図18・4**のように，鏡で囲まれた空間の中に励起状態の原子や分子を作っておき，そこに"刺激"となる光を入射させ，放出された光をこの空間の中で何回も反射させながら通過させるのである．こうすることによって空間の出口からは，励起状態にある原子や分子から放出された光が位相をそろえて，1つの"塊"となって出てくる．

この光の"塊"は，時間的にも空間的にも1点に集中している．したがって，このレーザー光を使って情報の記録や読み出し，運搬を行えば，短い時間，小さな空間で足りることになる．現代において，レーザーが特に有用である理由は，ここにある．

18・5　光起電性の利用と発光ダイオード

物質の光学的特性が電気的特性に変換されて生み出されるのが**光起電**と**光伝導**という現象で，電気的特性が光学的特性となって現れたのが**発光ダイオード**である．共に半導体を舞台に，光学的な機能と電気的な機能とが複合したものといえる．

18・5・1　光起電性

半導体中の電子構造は，電子の詰まっている**価電子帯**と，電子の詰まっていない**伝導帯**とからなる．**図18・5**に示すように，半導体は価電子帯と伝導帯のエネルギー差に相当する波長の光を吸収し，価電子帯の電子を伝導帯に上げる．このとき同時に価電子帯に，電子の抜けた"孔"として**正孔**を生じる．

ところで，光の吸収によって伝導帯に上げられた電子は動きやすく，電気伝導に寄与する．これが**光伝導**と呼ばれる現象である．また伝導帯の電子は

図18・5 半導体の電子構造と光の吸収

エネルギーが高いので，これを取り出せば電気エネルギーとして利用することができる．これが**光起電**という現象であり，このような性質を**光起電性**と呼ぶ．

上で述べた価電子帯と伝導帯とのエネルギー差を**バンドギャップ**といい，半導体では普通，数 eV 程度である．例えば，代表的な半導体であるケイ素のバンドギャップは 1.14 eV である．

> eV はエネルギーの単位で"**電子ボルト**"と読む．1 eV = 1.60×10^{-19} J である．

この半導体のバンドギャップの大きさは，可視光線と紫外線のエネルギーと同じくらいである．したがって半導体は，可視光線や紫外線を吸収することになる．

> 実際にケイ素のバンドギャップが，どのくらいの波長の光のエネルギーに相当しているかを計算してみよう．ケイ素のバンドギャップ 1.14 eV は，1 eV = 1.60×10^{-19} J より 1.82×10^{-19} J である．すでに繰り返し学んだように，波長 λ の光のエネルギー ε は，プランク定数を h，光の速さを c とすると，一般に $\varepsilon = hc/\lambda$ で与えられるので，いまの場合 $\varepsilon = 1.82 \times 10^{-19}$ J として，$h = 6.63 \times 10^{-34}$ Js, $c = 3.00 \times 10^{8}$ m/s を代入すると $\lambda = 1.09 \times 10^{-6}$ m となる．すなわち，およそ波長 1100 nm の光のエネルギーが相当する

ことになる．この波長の光は赤外線の領域に属するが，これよりも短い波長の光は吸収することができるので，ケイ素は可視光線を吸収することになる．したがって，光伝導や光起電などに可視光線を利用することができる．

単位 nm は"ナノメートル"と読む．1 nm = 10^{-9} m である．

18・5・2 発光ダイオード

光起電と逆の過程をたどる現象が半導体の発光であり，これを利用したものが**発光ダイオード**である．

発光ダイオードでは，まず電気エネルギーによって，価電子帯の電子を伝導帯に上げる．この電子が元の価電子帯に戻るとき，つまり電子が価電子帯にできた正孔と再結合するとき，価電子帯と伝導帯とのエネルギー差，すなわちバンドギャップに相当するエネルギーを持つ光を放出する．図 **18・6** に，以上のような発光ダイオードの原理を示した．なおバンドギャップの大きさによって，放出される光の色が異なることは，容易に想像できるであろう．

ただし，全ての半導体がこのような過程によって発光するわけではない．これは半導体によって，上のような発光の過程が効率よく起こるものと，他の過程でエネルギーを消費して，発光に至らないものとがあるからである．

図 18・6　半導体の発光と発光ダイオードの原理

表18・2 半導体の種類と発光ダイオードの色

	発光ダイオードの色
GaP	赤, 黄または緑
$GaAs_{1-x}P_x$	赤
GaN	青
GaAs	(赤外)

　日本は，このような発光性半導体の研究では優れた成果を生んでいる．東北大学の西沢潤一は，ヒ化ガリウム GaAs を使って発光ダイオードの先駆的な研究を成し遂げ，徳島の中小化学会社である日亜化学で働いていた中村修二は，激しい国際的な競争の中で，それまで利用不可能と考えられていた窒化ガリウム GaN を使って，青色の光を出す発光ダイオードを作ることに成功した．中村の成功によって，**表18・2** に示すような3色の発光ダイオードがそろうことになり，発光ダイオードの応用は一気に広がった．

　前項でのケイ素についての計算と同様に，GaN のバンドギャップが，どのくらいの波長の光のエネルギーに相当しているかを計算してみよう．GaN のバンドギャップ 3.39 eV は 5.42×10^{-19} J である．よって $\varepsilon = hc/\lambda$ において，$\varepsilon = 5.42 \times 10^{-19}$ J とすれば $\lambda = 367 \times 10^{-9}$ m が得られる．すなわち，およそ波長 367 nm の光のエネルギーが相当することになる．

　発光ダイオードの原理を使って，レーザーを作ることもできる．このようなレーザーが**半導体レーザー**である．レーザーポインターや CD プレーヤーなど，身の回りで使われているレーザーには半導体レーザーが多い．

　実際の発光ダイオードは，n 型と p 型と呼ばれる2種類の異なった半導体を接合した構造をしており，この接合部で発光するようになっている．2つの半導体の伝導帯や価電子帯のエネルギーはそれぞれ異なるので，このようにすると伝導帯の電子と価電子帯の正孔とが離れ，熱になってしまうだけの無駄な再結合を減らすことができるのである．

　薄型テレビの発光体として使われるようになった有機 EL もほぼ同じ原理で働いている（p. 210 注）．

18・6　光記録

　レーザーが最も活躍しているのは，情報の記録と読み出しにおいてであろう．我々にとって身近なCDは，まさに光技術の中心となっている．では，このような光記録において，情報はどのようにして蓄えられ，どのようにして取り出されるのであろうか．

　情報の記録には，光によって起こる化学反応が利用される．すなわち，レーザー光によって物質を変化させ，光を通さなくしたり，色を変えたりする．このようにして記録された情報を読み出すには，レーザー光を走査して反射の様子を調べる．例えば，物質が変化していないところからは，光が反射して戻ってくるが，物質が変化し，黒くなったり色が変わったりしたところからは，光の反射が返ってこない．このような原理によって，情報の記録と読み出しが行われるのである．

　なお記録に対する性質の違いから，CDは読み出し専用のものと書き換え可能なものとに分けられる．読み出し専用のものでは，強いレーザー光によってディスク表面に塗られた色素を分解して，炭にしてしまうような化学反応が利用されることが多い．それに対して書き換え可能なものでは，記録のときとは逆の過程が可能な化学反応が利用される．このような逆の過程を起

図18・7　書き換え可能なCDの仕組み

こすことのできる波長のレーザー光を当てることにより，記録されていた情報が消える．図 18・7 に，書き換え可能な CD の仕組みについてまとめた．

練習問題

1. プラスチック，ガラス，セラミックスにおける，光の透過について比較せよ．
2. 最近では，ガラスに代わってプラスチックを使ったレンズが普及してきた．このようなプラスチックレンズの長所と短所を述べよ．
3. 塩化ナトリウムを使って，レンズを作ることはできるか．理由と共に答えよ．
4. 真っ暗なところで，ろうそくを灯し手をかざしてみると，皮膚が透けて見える．これは，なぜか．
5. 屋根や壁に貼られる太陽電池には色がついている．この理由を述べよ．
6. 発光ダイオードの色は，どのようにして決まるか．
7. 普通のガラスは紫外線を透過しないが，赤外線は通す．赤外線を通すことは，どのようにして分かるか．また，温室にガラスが使われる理由を考えよ．

注）有機 EL (electroluminescence；エレクトロルミネッセンス) 素子には有機化合物や有機金属化合物 (M で表す) が用いられる．⊕極では M から電子が奪われ (酸化) M^+ が生じる．これが正孔に相当する．⊖極からは電子 (e^-) が注入される．M^+ と e^- が再結合して発光する．
M^+ と e^- が出会った状態は M の電子が引き離されたエネルギーの非常に高い状態に相当する．電子は M の外殻の軌道に入り励起状態 (M^*) になる．励起状態からの発光が EL である．

$$M^+ + e^- \longrightarrow M^* \longrightarrow M + h\nu$$

19

材料の劣化

　モノを使う立場からいうと，**材料の劣化**は非常に大きな問題である．
　何回も繰り返して使用している間に材料に変化が現れ，取り返しのつかない事故が起こってしまうことがある．一方で，このような使用にともなわない，自然環境の中で起こってしまう劣化もある．いずれにしろ劣化がどのように起こっているかを的確に判断し，適切な予防策を講じることが大切である．
　また，材料の劣化には物理的なものと化学的なものとがある．大部分の劣化は化学的なもので，材料が化学変化によって変質し，本来の特性を失うものである．それに対して，金属疲労などは化学変化が原因ではなく，物理的な劣化であるといえる．

19・1　使用による材料の劣化

　材料が"働く"とは，力，熱，電気，磁気，光などといった外部からの"働きかけ"に対して，材料が何らかの"働き"を返すということである．この"働きのやりとり"を通して，材料は外部からエネルギーを与えられ，そのエネルギーによって多かれ少なかれ壊れていく．このような，使用による材料の劣化としては，次のような例を挙げることができる．
　① **金属疲労**：金属材料に力を加えたり，加えた力を緩めたりして変形を

繰り返した結果，力学的強度が小さくなって引き起こされる破壊のこと．航空機や車両など，不規則に力が加わり，絶えず変形を繰り返している部位に起こる．金属疲労は，力学的エネルギーによる破壊である

② **絶縁破壊**：高電圧の掛かるところに置かれた絶縁体の絶縁性が失われて突如，放電が起こる現象のこと．絶縁破壊は，電気エネルギーによる破壊である

③ **光劣化**：レーザー光を当て，CDなどを繰り返し再生した結果，生じる劣化．これは光エネルギーの，化学エネルギーへの転換によって起こる化学反応を原因とする劣化である

原子力発電所の原子炉においても，材料の劣化は深刻な問題である．原子炉から放出されるガンマ線，アルファ線，電子線，中性子線などの放射線は光よりもエネルギーが高く，化学反応を起こしやすいので原子炉材料を劣化させてしまうのである．

　不適切な材料の使用によるモノの劣化　　最近では，適切な材料が使用されなかったことで生じたモノの劣化が問題になり，時折，新聞紙面を賑わせている．山陽新幹線の高架橋では，コンクリートに使われた砂が川砂ではなく海砂であったことで鉄筋コンクリートの劣化がはなはだしくなり，鉄筋がむき出しになって錆を生じていることなどが問題となっている．

19・2　自然環境の中で起こる材料の劣化

劣化は必ずしも，前節で述べたような使用にともなうものばかりではない．使用しなくても，自然環境の中で起こってしまう劣化もある．特に**有機材料**は，光と酸素のあるところでこのような劣化を生じやすい．また金属材料にとって，酸素は水とともに大敵である．

　有機材料とは，文字通り"有機物質である材料"を指す言葉である．同じよ

うに第11章で取り上げた**無機材料**とは"無機物質である材料"のことである．

自然環境中での材料の劣化の起こりにくさ，あるいは起こりやすさを，材料の**耐候性**という．

このように酸素の存在は，材料の劣化において大きな問題となる．

そもそも酸素分子は，いろいろな物質と化合する．このように化学変化を起こした物質は，元の物質とは性質が変わってしまい，例えば，ぼろぼろになってしまう．これは高分子化合物のような有機物質でも，金属のような無機物質でも共通に起こる現象である．ゴムなどは特に酸素と化合しやすく，しばらく放置しておいた輪ゴムが硬くなって，ぼろぼろになってしまうようなことは日常よく経験することであろう．ゴムほどではないが，一般の高分子化合物も劣化して硬く，脆くなってしまう．また鉄，銅，アルミニウムなどの金属でできた道具も酸素と化合し，錆びて使えなくなってしまう．

このように酸素と化合することが劣化の原因の大部分であるが，しかし，酸素が存在するだけでは劣化はゆっくりとしか進まない．特に有機材料では，酸素に加えて光が存在することで劣化の促進が起こる．光エネルギーによって材料中の結合が切断され，それがきっかけとなって酸素と化合する反応が進行する．日なたに置かれた新聞紙が変色などを生じる経験から，光が当たるところで劣化が促進されることは容易に実感できるであろう．

ところで自然環境だけでなく，もちろん人間の活動が作り出す環境の変化も，材料の劣化に大きな影響を及ぼす．排気ガスの中に含まれている窒素酸化物，硫黄酸化物はそれ自体が生物にとって有害であるが，そればかりでなく，これらは雨に溶け**酸性雨**となって地上に戻り，材料の劣化を生じさせる．野外に置かれた銅像の青錆は，これをよく目に見える形で示している．その他にも酸に弱い鉄，コンクリートなどの劣化が心配される．

練習問題

1. 以下について，どのような劣化が問題になるか．
   - (a) 鉄筋コンクリート
   - (b) レールや鉄橋に用いられている鉄
   - (c) 飛行機の機体に用いられている合金
   - (d) 原子炉材料
   - (e) 絵画
   - (f) ビニールハウス用シート
   - (g) 碍子

20

材料の有害性と安全性

　現在くらい，モノの安全性について注意が向けられているときはない．自動車などの製品だけでなく材料についても，安全性の面から厳しい目が向けられている．むしろ**材料の安全性**に対する要求は，製品に対するよりも厳しいのではあるまいか．

　近年，製造者の責任を明確にした法律も制定された．安全性の確認は廃棄段階にも及んでいるが，ゴミ焼却場から発生するダイオキシン類の問題は，今なお解決されていない．

　こうした問題は行政，製造者，使用者である一般市民，廃棄物処理に携わる公共機関や業者が，一緒になって考えていかなければならないものである．行政や法律任せにしてはいけない．法律によって規制されていない危険な化学物質は無数にあるのである．安全にモノを利用するためには一人一人の知識，それに基づいた他人への配慮のある賢く，また誠実な行動が必要であろう．

20・1　製造者および使用者の安全と環境の保全

　安全性の問題は大きく3つに分けて考えなければならない．第一は，製造工程において，その物質に触れる作業員・製造者に対する安全性．第二は，製品を購入し使用する，使用者に対する安全性．そして第三は使用が済み，

廃棄されたモノの環境に対する安全性である．

まず，第一の安全性について考えてみよう．製造に携わる作業者は，長期間にわたって大量で高濃度の有害物質に触れなければならないので深刻な問題となり，職業病として障害が現れることが多い．特に慢性毒性の場合，当初は有害物質の毒性が気づかれず，障害が現れた後で問題となることが多い．実際，これまでこのようなことは数多く起こってきた．奈良の大仏に金メッキを施したときは，たくさんの工人が水銀中毒にかかったであろうし（金メッキは，水銀に金を溶かして銅の表面に塗った後，加熱して水銀を飛ばすのである），染料工業では，原料のベンジジンを扱っている工員に，たくさんの膀胱ガンが発生した．

第二の，使用者に対する安全性も深刻な問題である．製造者と違って，使用者が触れる有害物質は少量ずつであるが，それでも，これが長期間にわたると重大な影響が現れる．例えばマーガリンの着色に使われたバターイエローという色素は，発ガン性があるというので使用禁止になっている．また学校給食のプラスチック食器に含まれていたビスフェノールAについては**"環境ホルモン"**としての危険性が心配されている．

第三の環境に対する安全性とは，有害物質による**環境汚染**の問題であって，これは現代が抱えた最も深刻な課題である．有機水銀による**水俣病**に始まり，排気ガスに含まれる窒素酸化物，ディーゼル車から排出される煤，ゴミ焼却場からの**ダイオキシン類**など，現在もまだ未解決の問題である．人類や動物にとって直接には有害ではないが，**地球温暖化**の原因となる二酸化炭素やメタン，オゾン層を破壊する**フロン**なども大きな問題である．

> 殺虫剤をはじめとする化学物質による環境破壊を警告して大きな反響を巻き起こしたのは，1962年に出版されたレイチェル・カーソンの"Silent Spring"であった（邦訳は新潮文庫，青樹築一訳『沈黙の春』がある）．当時広く使われていた殺虫剤DDTの使用禁止を，ケネディ大統領に決断させたのがこの本だったといわれる．

法律による廃棄物の規制も厳しくなってきた．化学物質を扱う個人，大学，研究所，工場などの機関は，排出する廃棄物について全ての責任を負わなければならないようになった．廃棄物処理業者に処理を依頼するにしても，その業者が法律に違反した場合には，その処理を依頼した者が責任をとらなければならない．

20・2 危険物の種類

危険性を持つものにはいろいろな種類がある．高温や低温，高電圧，強い光などといった物理的なもののほか，最も注意しなければならないものの1つとして化学物質がある．化学物質の示す危険性は多岐にわたっている．

また，放射線についても注意が必要である．この場合，身体の外部から来る放射線と，身体の内部から出る放射線とを考えなければならない．通常では，身体の中から放射線が出ることはないが，放射性物質が血液，筋肉，骨などをはじめ体内に入ってしまうと，身体は絶えず放射線を浴びていることになり，たとえ放射性物質が微量であっても危険性は大きい．

> 1999年から2000年にかけて起こったいくつかの放射能事件では，この視点が欠落している．モナザイトと呼ばれる鉱物に含まれるトリウムは，いったん体内に入ると排泄されない．トリウムの寿命は長く，このようなケースでは，一生放射能に曝されていなければならないことになる．

表20・1に，危険物についてまとめた．

20・3 危険物の見分け方

物質の種類はほとんど無限にあるし，毒性などは分子の構造がほんの少し異なっただけで大きく変わってしまう．したがって，危険物の一般的な見分け方はないといってもよい．そうはいっても，危険物を見分けるための着目

表 20・1　危険物の種類

急性毒性物質	体内に取り込まれると，すぐに毒性が現れるもの．シアン化物（青酸化合物とも呼ばれる），亜ヒ酸，ダイオキシン類，フグ毒など
慢性毒性物質	長期間にわたって摂取したり，触れたりしたときに毒性が現れるもの．水銀化合物，鉛化合物など
爆発物	刺激を与えると，爆発することがあるもの．過塩素酸アンモニウム，2,4,6-トリニトロトルエン，硝酸アンモニウムなど
発火物	火を近づけなくても，温度の上昇により発火するもの．黄リン，トリエチルアルミニウムなど
引火物	火を近づけると，燃え出すもの．引火点は 30 ℃ 以下である．メタン，プロパン，ベンゼン，酢酸エチルなど
可燃物	火を近づけると，燃え出すもの．引火点は 30〜100 ℃ である．軽油，アニリンなど
強酸性物質	硫酸など
腐食性物質	皮膚や粘膜を侵す．アンモニア水，水酸化ナトリウム，過マンガン酸カリウムなど
放射線	原子炉から放出されるもののほか，病気の診断や空港の荷物検査などに利用されている X 線やガンマ線など

点が全くないというわけではない．本節では，このような着目点について簡単にまとめる．

　上で述べたように，毒性については分子の構造を見ただけではほとんど判断がつかない．構造のよく似たものでも毒になったり，薬になったりするからである．これは，それだけ生体が微妙に作られているということだろう．

　まず，爆発性を持つ物質の見分け方である．そもそも爆発とは，熱を発生

図 20・1　代表的な爆発物
(a) 2,4,6-トリニトロトルエン
(b) ダイナマイト
(c) 硝酸アンモニウム

して急激に大量の気体を発生する現象である．このときの気体としては窒素 N_2，二酸化炭素 CO_2，水蒸気 H_2O が問題になる．したがって分子の中に窒素 N，炭素 C，酸素 O，水素 H が，ちょうど N_2，CO_2，H_2O になるような割合で含まれる物質には爆発の危険性がある．爆発物として広く知られる 2,4,6-トリニトロトルエン，ダイナマイト，硝酸アンモニウムは**図 20・1** に見るように，見事にこの条件を満たしている．

発火物は，酸素と反応しやすい物質である．すなわち，酸化状態の低い原子を持った化合物は，発火性を示す可能性がある．

可燃物と引火物も，酸素と反応しやすい物質である．炭素 C と水素 H からできている物質は酸素 O と反応して，二酸化炭素 CO_2 と水 H_2O を作る．炭素と水素を多く含み，揮発しやすい低分子量の物質は燃えやすい．

皮膚などを侵す危険性を示すのはアルカリ性物質である．酸も危険だが，人間にとってはアルカリの方が危険性が大きい．万一目に入ったりすると，失明する．

20・4　安全性を確保するには

製造，使用，廃棄を通して，物質を安全に利用するためには，製造者にも

一般市民にも，絶えざる勉強と安全への努力が求められる．

　新しいモノを開発して市場に送り出すときには，製造者に，社会に対する責任（これを，**製造者の責任**という）が生まれる．たとえ成分表示があったとしても，購入したモノが危険かどうかを判断することは，一般市民には極めて難しい．そこで，製造者の責任を明確にした法律も制定され，この種の問題は新しい時代に入ってきた．

　しかし，物質の種類はほとんど無限である．このため，法律は常に後追いにならざるを得ない．一般市民も常識の範囲で絶えず，使用しているモノの危険性と安全性を考え，判断していかなければならないだろう．

練習問題

1. 以下に対しては，どのような危険性に注意しなければならないか．
    (a) 硝酸アンモニウム　　(b) ベンゼン　　(c) トルエン
    (d) カドミウム化合物　　(e) 水銀　　(f) シアン化ナトリウム
    (g) ダイオキシン類　　(h) 過酸化水素　　(i) プロパン
    (j) メタン　　(k) 液体窒素

21

資源とリサイクル

　前章では，物質の利用における安全の問題を考えた．しかし我々は，安全の問題だけに止まっていることはできなくなっている．大量消費によって物質およびエネルギー資源が枯渇し，そのうえ物質の廃棄による環境破壊，エネルギーの放出による地球温暖化も大きな問題になっている．もっとも地球温暖化には，二酸化炭素による温室効果が原因とされるものもあるから，これについては物質の廃棄による環境破壊に分類されるべきであろう．

　省資源は，人類にとって当面の大きな課題である．

21・1　資源の量

　様々な物質を広く調べることによって，求める特性を持ったすばらしい素材が見つかったとしても，その実用化のためにはもう1つ関門がある．それは**資源**という面での問題である．

　　実用化のためには，もちろん価格の問題もクリアしなければならない．

　いかに優れた機能を持った素材であっても，その地球上での存在量が少なくては実用にならない．また大量に存在していても，分離や精製などが困難であっては実用化は難しい．

　近年では，古くから利用されてきた石油，石炭，鉄などに加えて，"材料革命"で脚光を浴びた希元素の消費も目立ってきた．その結果，ついに人類

資源枯渇までの時間

原料用資源
- 鉄鉱　93年
- ボーキサイト　31年
- 銅　21年
- 鉛　21年
- 水銀　11年
- 金　9年

エネルギー資源
- 石油　20年
- 天然ガス　22年
- 石炭　101年

図 21・1　人類が今後，利用可能な資源の量と現在の年間使用量（1972年に発表されたローマクラブのデータにより作成）

は，資源が"どこまで利用可能か"を考えなければならないところにまで至った．このような中，ローマ・クラブによって1972年に提出されたレポート『成長の限界』は大きな警鐘となった．

　希元素とは，地球上に存在している割合の少ない元素のことをいう．
図21・1には今後，人類が利用可能な資源の量を示した．

　さて資源の枯渇につれて，人類は，それまで利用することのなかった"品位の低い"，すなわち含有量が低く，分離や精製のために多くの労力とエネルギーを使わなくてはならないようなものも，資源として利用しなければならなくなった．その一方で，これまで気づかれなかったような場所に，新たに資源が見つかることもある．深海底で発見されたメタンハイドレート（これは高圧下で，メタンと水とが弱く結合してできた固体である）は，その一例である．

　しかしメタンが地球温暖化に及ぼす影響は，二酸化炭素のそれよりも大きいといわれており（何しろ，牛のげっぷに含まれるメタンが問題になっているくらいである），もしも深海から引き上げられたメタンハイドレートの何分の1かでも大気中に漏れ出したとしたら，深刻な環境破壊が起こるであろ

うと懸念されている．

　海底に存在するマンガン塊についても，引き上げによる同様な環境破壊が考えられる．このように新しい資源を利用するときには，慎重な態度が必要である．

21・2　リサイクルによる資源の節約

　まずリサイクルによってエネルギーがどれほど節約されるかを，アルミニウムを例に見てみよう．アルミニウムは"電力の塊"といわれるほど，製造に多くの電力を必要としている．

　アルミニウム1kgを製造するためには，原料のボーキサイト4kgと21kWhの電力が必要である．このアルミニウム1kgからアルミニウム缶を作るには0.6kWhの電力を要する．ところでアルミニウム缶をアルミニウムにリサイクルするためには0.6kWhの電力でよい．したがって，およそ20kWhの電力の節約ということになる．つまりリサイクルによれば，ボーキサイトからアルミニウムを製造するときの1/35の電力で済むことになる．その他，原料の採掘や輸送などを考えると，エネルギーの節約にとって，リサイクルがどれほど重要であるかが分かるであろう．

　さて1991年には，日本でもリサイクル法が公布され，リサイクルのために行政，事業者，消費者が果たすべき役割が定められた．金属缶には材料の表示が義務づけられ，またガラスや金属の分別収集が行われている．このような分別収集を完全に行うことによって，金属や無機物質のリサイクルは比較的容易に行うことができる．

　これに対して，有機物質のリサイクルは難しい．リサイクルにとって，ただ1つの成分からできていて，混ざりものがない状態であることが重要であるのにもかかわらず，例えば高分子などは，1種類だけで使われることが少なく，複雑な混合物である場合が多いからである．例外は"PET"とも呼

ばれるポリエチレンテレフタレートで，これは"ペットボトル"などとして1種類のみで使われるのでリサイクルが可能である．また紙のリサイクルが容易なのも，セルロースという1種類の成分からできているからである．

　リサイクルには不向きな複雑な混合物でも，用途はある．例えば，生ゴミである．台所から出る生ゴミは，堆肥などにして園芸や農業に利用すべきであろう．将来，ゴミは資源になるべきである．

　　ほかにも昭和20年代までは糞尿は資源であり，価値のあるものであった．江戸時代には，江戸から外へ出る一番大きな"商品"は糞尿であったという．

練習問題の略解

第1章

1. 土器, 石器, 青銅器, 鉄器, アルミニウム製のもの, 強化ガラス製のものなどへと多様化していった.

2. 石器（瑪瑙などの貴石で作られたもの）, ガラス器のほか, 土器, 陶器, 磁器や, 金属（金, 銀, 銅, 鉄など）製のものなど, 実に多様である.

3. パッケージが金属製から合成樹脂によるものに変わった. その他に, 真空管（ガラス, 金属など）はトランジスターへ, さらに集積回路（ケイ素単結晶）へと, コンデンサー（金属, 雲母など）はチタコン（チタン酸バリウム）に, マンガン乾電池（炭素, 亜鉛, 二酸化マンガン, 塩化アンモニウムなど）はリチウム電池（リチウム, ポリ(2-ビニルピリジン)-ヨウ素錯体, ヨウ化リチウム）に変わった.

4. テレビやパソコンの液晶, チタン合金, ゴルフ用品に利用されている炭素繊維, おもちゃに使われている形状記憶合金, 紙おむつ, セラミックス製の刃物, 光記録材料など.

第2章

1. 花崗岩は, いろいろな鉱物（岩石を構成する, 均質な結晶物質のこと）の混合物である. 顕微鏡で見るとよく分かるが, 肉眼でも白い部分や色のついた部分, 光った部分のあることが分かる. これら, 花崗岩を構成する主な鉱物は次の通りである. 石英 SiO_2. 長石（カリ長石 $KAlSi_3O_8$ と曹長石 $NaAlSi_3O_8$）. 雲母 $A_{1-x}B_{2\sim3}[(OH, F)_2X_4O_{10}]$ （A は K, Na, Ca, Ba, NH_4 など. B は Al, Fe(III), Mg, Fe(II), Mn(II), Li, Zn, V(III), Cr(III), Ti など. X は Si, Al, Be, Fe(III) など）（これが, 光って見える部分である）. 角セン石 $Ca_2A_4Al[(OH)_2/AlSi_7O_{22}]$ （A は Fe(II) あるいは Mg）. このように, 花崗岩

にはいろいろな元素が含まれている．

2．外壁としてガラスが，電極として金属（タングステン，銅など）が，また蛍光体として $Ca_{10}(PO_4)_6(F, Cl)_2$ などの基体に Sb^{3+}（青色に発光する），Mn^{2+}（橙色）などの蛍光物質を含ませたものが用いられている．その他に水銀（これは紫外線を放出する），また肉眼では見えないがアルゴンが，管に充填され使用されている．

第3章

2．電子1個の質量は 9.1×10^{-28} g，これが 6×10^{23} 個あるのだから，$9.1 \times 10^{-28} \times 6 \times 10^{23} = 5.5 \times 10^{-4}$ g である．また，次のように考えてもよい．電子の質量は水素の原子核の $1/1840$，水素原子1molの質量は1.0 g．したがって電子1molの質量は，$1.0 \div 1840 = 5.4 \times 10^{-4}$ g となる．概算なので2桁目は合わないが，両者は同じ結果を与える．

3．1molの電子の電荷は96500 C であり，これが60 s 間で流れたので，流れた電流は $96500/60 = 1608$ A である．

4．100 eV は，$100 \times 1.6 \times 10^{-19} = 1.6 \times 10^{-17}$ J である．よって $mv^2/2 = (9.1 \times 10^{-31}) v^2/2 = 1.6 \times 10^{-17}$ より，電子の速度 $v = 5.9 \times 10^6$ m/s である．

第4章

2．質量の面では，陽子の質量は電子の1840倍である．電荷の面では，陽子の電荷は電子とプラス，マイナスが反対で，絶対値が同じである．

3．$n = 1$ のときは $l = 0$ しか許されず，$l = 0$ に対しては $m = 0$ だけが可能である．結局，このような1s軌道に2個の電子が収容できる．$n = 2$ のときは $l = 0, 1$ が可能であり，$l = 0$ に対しては $m = 0$ だけが可能であり，一方，$l = 1$ に対しては $m = -1, 0, 1$ が可能である．結局，前者のような2s軌道に2個，後者のような2p軌道に6個，合計8個の電子が収容できる．

4．p軌道は $l = 1$ であり，$l = n - 1 \geqq 1$ の条件を満たすのは $n \geqq 2$，したがって主量子数が2以上のときにp軌道は存在する．同様にd軌道は $l = 2$ であり，$l = n - 1 \geqq 2$ の条件を満たすのは $n \geqq 3$，f軌道は $l = 3$ で，$l = n - 1 \geqq 3$

より $n \geqq 4$ である．

5. 一般に主量子数 n は1から始まっていくつになってもよいのだから，電子の軌道は無数にある．しかし水素原子の電子は1個だけだから，それを収めるための一番エネルギーの低い1s軌道だけしか存在しない．

6. 電子の軌道半径 r は，22ページの式に示されるように $r \propto n^2$ と主量子数 n の2乗に比例する．K殻，L殻，M殻はそれぞれ n が1, 2, 3の場合に相当するから，互いの電子の軌道半径の比は，$1^2 : 2^2 : 3^2 = 1 : 4 : 9$ となる．

7. 電子のエネルギー E_n は，22ページの式に示されるように $E_n \propto 1/n^2$ と主量子数 n の2乗に反比例する．K殻，L殻，M殻はそれぞれ n が1, 2, 3の場合に相当するから，互いの電子のエネルギーの大きさの比は，$1/1^2 : 1/2^2 : 1/3^2 = 1 : 1/4 : 1/9$ となる．なお E_n の絶対値に注目すると，n が大きくなると，E_n は限りなく0に近づく．$E_n = 0$ は電子が遊離した状態であり，このような状態の付近には，無数の電子の軌道が存在する．

8. 0.2 L の水は約 200 g である．1 mol の水は 18 g で，6×10^{23} 個の水分子を含むから，0.2 L の水には $(200/18) \times 6 \times 10^{23} = 6.7 \times 10^{24}$ 個の水分子が含まれる．世界中の海水 1.4×10^9 km³ は 1.4×10^{21} L であるから，0.2 L の水の，世界中の海水に対する割合は $0.2/(1.4 \times 10^{21}) = 1.4 \times 10^{-22}$ となる．したがって，この中に含まれる印を付けた水分子の数は，$6.7 \times 10^{24} \times 1.4 \times 10^{-22} = 9.4 \times 10^2$ 個，すなわち約1000個もの印付きの水分子が入っていることになる．原子・分子がいかに小さいか，また，いかに数が多いかを実感できるであろう．

第5章

2. (a) $(1s)^2(2s)^1$　(b) $(1s)^2(2s)^2(2p)^4$
   (c) $(1s)^2(2s)^2(2p)^6(3s)^2(3p)^6(3d)^2(4s)^2$
   (d) $(1s)^2(2s)^2(2p)^6(3s)^2(3p)^6(3d)^7(4s)^2$
   (e) $(1s)^2(2s)^2(2p)^6(3s)^2(3p)^2$

3. (a) $(1s)^2$　(b) $(1s)^2(2s)^2(2p)^6$
   (c) $(1s)^2(2s)^2(2p)^6(3s)^2(3p)^6$
   (d) $(1s)^2(2s)^2(2p)^6(3s)^2(3p)^6(3d)^7$

(e) $(1s)^2(2s)^2(2p)^6(3s)^2(3p)^6(3d)^6$

4. 遷移元素において，問題の s 軌道と d 軌道の間のエネルギー差は微妙に変化して，電子の詰まる順序が変化する．見返しの周期表を見て確かめよ．

5. (a) Li(1.52Å)＞Be(1.11Å)＞B(0.81Å)＞C(0.77Å)＞N(0.74Å)～O(0.74Å)．ここでカッコ内は原子半径の値であり，Å は長さの単位で"オングストローム"と読む．$1Å = 10^{-10}$ m である．本文中でも述べたように，最外殻の電子を引きつける原子核の有効プラス電荷は，原子核のプラス電荷から内殻の電子のマイナス電荷による遮蔽の効果を差し引いたものである．同じ周期の元素では，周期表の位置が右にいくにつれて有効プラス電荷が増し，原子核と最外殻電子の距離が小さくなって原子半径が減少する．

(b) K(2.31Å)＞Na(1.86Å)＞Li(1.52Å)．同じ族の元素では，原子核の有効プラス電荷は等しく，内殻が厚いほど原子半径が増す．

(c) Ge(1.23Å)＞Si(1.17Å)＞C(0.77Å)．(b)と同じ理由による．

6. (a) F(4.0)＞O(3.5)＞N(3.0)＞C(2.5)＞B(2.0)＞Be(1.5)＞Li(1.0)．ここでカッコ内は，電気陰性度の値である．最外殻の電子を引きつける原子核の有効プラス電荷は，原子核のプラス電荷から内殻の電子のマイナス電荷による遮蔽の効果を差し引いたものである．同じ周期の元素では，周期表の位置が右にいくにつれて有効プラス電荷が増し，電子を引きつける力が大きくなって電気陰性度が増す．

(b) Cl(3.0)＞S(2.5)＞P(2.1)＞Si(1.8)＞Al(1.5)＞Mg(1.2)＞Na(0.9)．(a)と同じ理由による．

(c) Li(1.0)＞Na(0.9)＞K(0.8)．最外殻電子の数，および原子核の有効プラス電荷は各原子で等しい．原子核との距離が小さいほど電子は強く束縛され，失われにくい．すなわち電気陰性度が大きくなる．

(d) F(4.0)＞Cl(3.0)＞Br(2.8)＞I(2.5)．(c) と同じ理由による．

7. Na の一番外側の 3s 軌道の電子が失われてできるのが Na^+ なので，Na^+ の半径の方が小さくなる．実際には，Na(1.86Å)＞Na^+(1.16Å)．

また，Cl に電子が 1 個付け加わってできるのが Cl^- で，最外殻電子の数が増えて原子核との反発が増し，このため軌道が膨れて半径が大きくなる．実際に

は，Cl⁻(1.67Å)＞Cl(0.99Å)．K⁺，Cl⁻ は電子配置が等しい（Ar と同じ電子配置になっている）．しかし K⁺ の方が原子核のプラス電荷が大きく，電子を引きつける力が強い．したがって，K⁺ の半径の方が小さい．実際には，Cl⁻(1.67Å)＞K⁺(1.52Å)．

第 6 章

2. 気体分子なので，質量が小さいほど熱伝導率が高くなる．ここでは質量の代わりに分子量，単原子分子の場合には原子量を考えて，以下のようになる．
$H_2(2) > Ne(20) > N_2(28) > O_2(32) > Ar(39) > CO_2(44) > O_3(48)$．ここでカッコ内は，おおよその分子量または原子量である．厳密には，同位体を区別して考えなければならない．

3. いずれも遷移元素である．問題となる s 軌道と d 軌道の間のエネルギー差は微妙に変化して，そのため電子の詰まる順序が変化する．見返しの周期表を見て確かめよ．

(a) 5個の 3d 軌道に，6個の電子をフント則にしたがって詰めると，4個の電子が不対電子になる．

(b) Fe は，4s 軌道の電子 2 個を失って Fe^{2+} になる．したがって Fe と同じように 3d 軌道に 6 個の電子がある．したがって，不対電子は 4 個である．

(c) Fe は，4s 軌道の電子 2 個と 3d 軌道の電子 1 個とを失って Fe^{3+} になる．したがって 3d 軌道の電子は 5 個，不対電子も 5 個である．

4. これは，希ガスの原子からの光の放出という現象である．原子中の電子は，放電によって生じた電子からエネルギーを与えられ，エネルギーの低い内側の軌道からエネルギーの高い外側の軌道へとたたき上げられる．やがて，この外側の軌道の電子が元の内側の軌道に戻る．このとき，この 2 つの軌道のエネルギー差に相当するエネルギーを光として放出する．軌道のエネルギーは原子の種類によって異なるので，放出される光のエネルギーが異なる．したがって希ガスの種類によって，放出される光の色が異なることになる．逆にいえば，この色は元素に特有でヘリウムは青色，ネオンは赤色，アルゴンは紫色，キセノンは白色の光を放出する．

なお外側の軌道が関係する場合は，このような軌道がいくつもあるので，複数の色の光が混ざることになる．

第7章

2． 互いに電子を引きつける力の大きさに差の少ない原子の間では共有結合あるいは金属結合が生じる．もちろん同種の原子の間では，この力の大きさに差がないから，この場合が一番よい．一方，この力の差が大きい原子の間ではイオン結合が生じる．このような原子どうしは，周期表上で互いに離れた位置にある．

  (a) 共有結合　　(b) イオン結合　　(c) 共有結合　　(d) 金属結合
  (e) 共有結合　　(f) 共有結合　　(g) 共有結合　　(h) イオン結合
  (i) 金属結合

3． パイ結合は原子間距離が長いと，電子の軌道の重なり合いが小さくなるのでできにくくなる．一方，シグマ結合については弱くはなるものの，原子間距離が長くなっても結合は生じる．このようなことから，Cより原子半径の大きいSiはパイ結合を作ることができず，シグマ結合だけで原子を結びつけようとする．

4． 同じ族の元素どうしからなる分子では，結合距離が短いほど，共有結合は強い．

  (a) Cl—Cl＞Br—Br　　(b) C—C＞Ge—Ge

5． これらの分子の中心にある酸素原子は，2個のp軌道を使って他の原子と結合している．2つのp軌道は直交しているので，分子は酸素のところで折れ曲がった構造になる．ただし両側にある原子や，原子の一団どうしとのぶつかり合いを避けるために，角度は90°より大きくなっている．

6． 周期表を見るとGaとAsは，Geを挟んで位置している．すなわちGaの最外殻電子は3個，Asの最外殻電子は5個である．そこでAsからGaへ電子を1個移すと，AsもGaも4個の最外殻電子を持ち，Geと同じ電子配置になる．この状態で共有結合ができるので，GaAsの結合状態はGeに似たものとなる．

7． C—C(1.535Å)＞C＝C(1.339Å)＞C≡C(1.203Å)．ここでカッコ内は原子間

練習問題の略解

距離である．パイ結合はシグマ結合より弱いが，それでも原子を引き寄せ，原子間距離を小さくする．

8. (a) Hのs軌道とCのsp³混成軌道を使ったシグマ結合．
   (b) 両側のCのsp³混成軌道を使ったシグマ結合．
   (c) H—CHは，Hのs軌道とCのsp²混成軌道を使ったシグマ結合．CH＝CH$_2$ は，1つが両側のCのsp²混成軌道を使ったシグマ結合．もう1つが両側のCのp軌道を使ったパイ結合．
   (d) H—Cは，Hのs軌道とCのsp混成軌道を使ったシグマ結合．C≡CHは，1つが両側のCのsp混成軌道を使ったシグマ結合．他の2つが両側のCのp軌道を使ったパイ結合．
   (e) 1つがCのsp²混成軌道とOのp軌道を使ったシグマ結合．もう1つがCのp軌道とOのp軌道を使ったパイ結合．
   (f) 両側のClのp軌道を使ったシグマ結合．

9. N≡Nの結合の1つはシグマ結合で，これは強い．残りの2つはパイ結合で，これは弱い．Hとの反応では弱いパイ結合が切れ，NH$_2$—NH$_2$ までは反応が進みやすいが，強いシグマ結合は切れにくいので，反応はNH$_3$ までは進みにくい．

第8章

3. 周期表を同族で下にたどっていくと，外殻電子と原子核との距離が大きくなり，原子核が電子を引きつける力が弱くなるから．なお，スズは微妙な位置にあって，金属と非金属の両方の状態をとる．具体的には，13.5℃以上では立方晶系で，ダイヤモンドと同じ構造のαスズが安定である．これは絶縁体で，結合距離は2.80Åである．また13.5℃以下では正方晶系のβスズが安定である．これは金属状で，結合距離は3.02Åである．また，普通に作られたスズを低温に置いておくと，あるとき急に変形して割れることがある．これがスズペストと呼ばれている現象である．

4. (a) Naの方が力学的強度が小さい．金属結合を共有結合の一種としてとらえると，結合距離の長いNaの方が結合が弱く，切れやすいことになる．

(b) Na の方が力学的強度が小さい．金属結合にあずかる電子の数は Na 原子では 1 個，Mg 原子では 2 個である．したがって Mg の方が共有結合性が大きく，大きな力学的強度が現れることになる．

(c) ゲルマニウムの方が力学的強度が小さい．結合距離の長いゲルマニウムの方が結合が弱く，切れやすいことになる．

5．両者において，熱伝導のメカニズムは異なっている．アルミニウムでは，金属結合においてたくさんの原子の間を動き回る自由電子が熱伝導を担っている．一方，酸化アルミニウムでは原子の振動が熱伝導を担っている．すなわち振幅の大きな振動が原子の間を伝わっていくことによって，熱が伝わるということになる．

6．アルミニウムでは，金属結合において動きやすい自由電子が電気伝導を担っている．このため，よく電気を伝えることができる．一方の酸化アルミニウムでは，共有結合にあずかる電子は原子間に局在し，自由に動くことができない．このため電気伝導性を示さず，絶縁体になる．

7．結合を作ることによって，電子の軌道が変化する．物質の色は，このような軌道の間を電子が移動することによって生じることが多い．このような軌道の間のエネルギー差が物質の色を決めるが，これは結合の状態によって変化する．このため同じ元素からできていても，物質は様々な色を示す．

第 9 章

2．石英ガラスは，水晶の細かい結晶を融かして固めたもので，原子配列に規則性がない．また細い繊維に引くことができ，水晶よりしなやかである．熱伝導率は水晶よりやや小さく（水晶の 1/10 くらい），ほぼ同じ光学的特性を示す．

3．水は 0 ℃ で氷になり，体積が少し増える．また 100 ℃ で水蒸気になり，体積が著しく増える．なお一般の物質では水と異なり，固体になると体積が小さくなる．

4．いずれも炭化水素であるが，ガソリン，灯油，重油となるにつれて分子量が大きくなり，分子が長くなる．分子が長くなると，分子どうしの接触面積が大きくなって引力が増大し，分子が離れにくくなる．これは，粘度が高くなるこ

とに相当する．

5．利用される液晶の量は，$0.1 \times 5 \times 10^{-6} = 5 \times 10^{-7}$ m^3 = 5×10^{-1} cm^3．すなわち，5×10^{-1} g である．よって液晶の価格は $5 \times 10^{-1} \times 1000$ より，500円となる．グラム当たりで考えると液晶材料は高価であるが，使う量が少ないので液晶ディスプレイ1つ当たりの材料コストは大したことがない．実際には，液晶は溶液にして用いられるので，さらに安くなる．

第10章

2．炭素数1のメタン CH$_4$ は室温で気体であり，炭素数6のヘキサン CH$_3$(CH$_2$)$_4$CH$_3$ は室温で液体である．メタンは小さいため分子どうしの接触面積が小さく，分子間の引力が弱い．そのため凝集しにくく，室温では気体になる．ヘキサンくらいの大きさになると分子どうしの接触面積が大きくなり，分子間の引力によって凝集し，室温で液体になる．ポリエチレンもこれと同様であるが，分子間の引力が強いため流動性がなくなり，ガラス状態になる．

3．ろうそくに用いられているろうには，植物から採られるものと石油から採られるものとの2種類がある．石油から採られるのがパラフィンろうであり，これは炭素数が18から30の炭化水素 CH$_3$(CH$_2$)$_n$CH$_3$ である．この程度の大きさの分子は，分子がある程度そろって結晶に近い構造になるが，分子の長さが短いので力学的強度は小さい．また構造に隙間や乱れの多いポリエチレンに比べて，しなやかさもない．

4．シリコン樹脂は，石英とポリエチレンの中間の構造を持っている．図 A に示すように，主鎖は石英の構造（ただし直線状である）をし，側鎖は有機化合物の構成要素であるアルキル基，アリール基（図では R で表されている）からできている．このため石英と同様の高い力学的強度と耐熱性を備える一方で，有機化合物との親和性をも併せ持っている．

$$\text{HO}-\underset{\underset{R}{|}}{\overset{\overset{R}{|}}{\text{Si}}}-(\text{O}-\underset{\underset{R}{|}}{\overset{\overset{R}{|}}{\text{Si}}})_n-\text{O}-\underset{\underset{R}{|}}{\overset{\overset{R}{|}}{\text{Si}}}-\text{OH}$$

図 A

第 11 章

2. ガラスはいったん全体が融けて均一になるが，セラミックスは全体が融解することがない．このためセラミックスでは，粒度や粒どうしの接着の状態が性質に反映する．

3. 酸化カルシウムはイオン結合からなり，二酸化ケイ素の結合は共有結合性が高い．

4. 以下の表にまとめる．

	アルミニウム	酸化アルミニウム
結合	金属結合	共有結合
物性		
力学特性	軟らかい	硬い
電気特性	良導体	絶縁体
熱特性	熱をよく伝える	熱をよく伝える
	（金属結合の電子による）	（原子間の振動を通して）
磁気特性	どちらも磁性なし	
光特性	光を反射	光を透過

第 12 章

2. (a) C, H, O　　(b) Ca, C, O　　(c) Si, Al, O, K, Na, Fe
   (d) C, H, N, O, S

4. 絹とナイロンとは，共にアミド結合 —CO—NH— を持つ点で類似の構造をしている．一方でナイロンは —CH$_2$— の鎖を持ち，絹のタンパク質はいろいろな特性基を持つ．この構造の違いが，ナイロンは染めにくいとか汗を吸い取りにくいなどといった，絹との性質の違いを生む．

第 13 章

1. (b) 竹は全体の構造を決め，わらは土を結びつける．土は断熱や耐火に効果を発揮する．

   (c) アスファルトは柔軟性や，疲れないで歩くことができるなどといった足

に対して好ましい感触を与える．砂利は硬くて丈夫なので舗装の形を保ち，また表面が擦り減らないようにする．さらに場合によっては，雨水を通すといった機能を付与する．

　(d) 下地に使われる木材は軽く，細工が容易である．また熱を伝えにくく安価である．しかし，汚れやすいという欠点がある．一方の漆は水などが染み込まず汚れにくく，100 °C くらいまでは安定である．しかし高価で，細工に手間がかかるという欠点がある．

　(e) グラファイトからなる芯は，物を書くことができるが折れやすく，周囲の木材は，この折れやすい芯を支える働きをしている．

　(f) フェライトは脆く，丈夫な薄膜を作ることができない．そこで丈夫な薄膜にすることのできる有機高分子化合物のフィルムの上にフェライトを塗布している．

2．タイヤはゴムと，炭素繊維や天然繊維などといった繊維が幾層にも積み重なってできている．ゴムは弾性を持ち，衝撃を弱める働きがある．一方の繊維には，力学的強度を保つ働きがある．

第 14 章

2．大理石は Ca^{2+}，CO_3^{2-} の陽イオンと陰イオンからなるイオン結晶である．したがって変形しにくく，引っ張りや押しに対して強いが，曲げに対しては比較的弱い．水晶は共有結合性の強い結合からなる結晶で，変形を生じにくい．ドライアイスは CO_2 の分子が弱い静電引力で結びついた分子結晶で，力学的強度は小さい．8・3・1 項も参照のこと．

3．炭化ケイ素は SiC の組成を持つ．すなわち，ダイヤモンドの C の半数が Si に置き換わり，ダイヤモンドとよく似た結合によって結晶を作っている．このため硬く，強い．

4．金属結合にあずかる電子の数は，ナトリウム原子では 1 個，アルミニウム原子では 3 個である．金属結合を共有結合の一種としてとらえると，数多くの電子が結合にあずかるアルミニウムの方が結合が強いことがわかる．このような理由で，ナトリウムよりも大きな力学的強度が発現する．

5. 漆喰は Ca^{2+} と CO_3^{2-} とがイオン結合で結びついてできている。一方、セメントの構造は複雑であるが —Si—O—Si—, —Si—O—Al—O— のような強い共有結合性の結合で結びつけられている。このため、セメントの方が力学的強度が大きい。

6. 引っ張りの力に強いガラス繊維によって、引っ張りに弱いプラスチックの欠点を補っている。

第15章

2. 以下に示す。ただし、カッコ内の値は0°Cから室温の範囲での熱伝導率。単位は $W/(m \cdot K)$。

    熱伝導性の良いもの：ナトリウム(142)、アルミニウム(236)、銅(403)、金(319)、鉄(50)、青銅(53)、ダイヤモンド(3010)、ケイ素(168)、スズ(68)、サファイア(450)。

    中程度の熱伝導性を持つもの：水銀(7.8)、水晶(9.3)、氷(2.2)、パイレックスガラス(1.1)、磁器(1.5)。

    熱伝導性の悪いもの：ポリエチレン(0.3)、ナイロン(0.27)、木材(0.15)、石膏(0.13)、紙(0.06)、ゴム(0.2)、コルク(0.05)。

3. ガラスのコップで熱いお茶を飲むときと同じようなことが起こってしまう。実際の湯飲み茶碗では、素焼きのセラミックス部分に含まれる空気が熱の伝わりを妨げ、熱さが手に伝わりにくくなっている。

4. 233ページの図Aに示したように、シリコン樹脂は —Si—O—Si—O— という骨格を持っている。この構造は石英のもので、したがってシリコン樹脂は、石英と同様の高い耐熱性を備える。それとともにSiについたアルキル基が有機化合物のような柔軟さを作り出す。

第16章

2. 絶縁体；琥珀、ペットボトル、木材、花崗岩、石灰岩、水晶、液体窒素、固体の酸化鉄(II)、固体の酸化アルミニウム、固体の塩化ナトリウム、ベンゼン、トルエン、加熱して融解したショ糖、硫黄、ヨウ素、ヨウ素のベンゼン溶液、

ショ糖水溶液．

　　良導体：鉛筆の芯，アルミ缶，高温で融解した酸化アルミニウム，スズ，ニッケル，白金，水銀，亜鉛，塩化ナトリウム水溶液．

　　半導体：酸化チタン，硫化亜鉛，ヒ化ガリウム，セレン，ケイ素．

3．(a) 電子　　(b) 電子　　(c) 電子　　(d) ナトリウムイオンと塩化物イオン　　(e) 主としてナトリウムイオンと塩化物イオン．ほかに水素イオン H^+ と OH^- も関与する可能性がある　　(f) 電子と正孔

5．コンデンサーの静電容量は，電極間の物質の比誘電率と電極の面積に比例する．したがって，電極間に比誘電率の大きな強誘電体のような物質を満たせば，同じ静電容量を得るためには，電極の面積は小さくてよい．つまり，コンデンサーを小さくすることができる．

第 17 章

2．磁性を持つもの：(a) (b) (d) (e) (i)．磁性を持たないもの：(c) (f) (g) (h)．

3．それぞれについて，不対電子の数を比較すればよい．
　　(a) ニッケル原子＜コバルト原子　　(b) 鉄原子 $Fe = Fe^{2+}$
　　(c) $Fe^{2+} < Fe^{3+}$　　(d) $C_2H_6 = C_2H_4$

4．Nd は原子の状態で4個の不対電子を持ち，大きな磁性を持っているから．

5．磁性を示すものを挙げる．
　　(a) 電子　　(b) 電子，鉄原子，鉄の結晶，酸化鉄，Fe^{2+}

6．MRI の測定の対象となる ^1H の磁性が，鉄に比べてはるかに小さいから．強い磁性を示すものがあると，弱い磁性の測定は難しくなる．

第 18 章

1．セラミックスは微結晶の集合で内部に境界面があり，入射した光はそこで乱反射される．このため光は透過しない．一方のプラスチックとガラスは内部に境界面がないので，入射した光は一直線に透過する．

2．長所としては割れにくいこと，型押しによって作ることができるため，安価であることなどが挙げられる．短所としては表面に傷が付きやすいことが挙げ

られる．なおレンズの材料としては透明なだけでなく，屈折率の高いことが必要である．そのほか，傷が付きにくいことも求められる．有機高分子化合物でこの条件を満たすものは少ないが，それでもポリカーボネートなどはこの条件を満たし，実用になっている．

3. 単結晶を使えば，レンズを作ることは可能である．しかし湿気のあるところでは溶けて曇ってしまい，実用にはならない．

4. 人間の皮膚は波長の短い青色や緑色の光は通しにくいが，波長の長い赤色の光はいくらか透過させるから．

5. 太陽光のエネルギーを電気エネルギーに変換するためには，太陽光の全部または一部が太陽電池に吸収されなければならない．このとき吸収された光の色の補色が反射するため，色がついて見える．

6. 発光ダイオードの色は，材料の半導体のバンドギャップによって決まる．

7. ガラス戸の部屋で日光に当たると暖かい．これは，ガラスが赤外線を透過させるからである．一方，ガラスが紫外線を通さないことは実感しにくいが，日光に曝された新聞紙の劣化をガラスによって防ぐことができることなどから知ることができるであろう．また，植物の光合成には紫外線は不要で(必要なのは赤い色の光である．これは植物の葉が，赤色の補色である緑色をしていることからも分かる)，最初に述べたように赤外線を透過して内部を暖かくすることができるので，温室にはガラスが用いられる．

第19章

1. (a) 酸性の雰囲気でセメントも鉄も劣化する．また表面からだけでなく，ひび割れからの酸性物質の侵入についても注意が必要である．

    (b) 金属疲労や錆が生じる．

    (c) 金属疲労が生じる．

    (d) 放射線によって格子欠陥が生じ，脆くなる．

    (e) 酸素と光が存在することによって絵の具が退色したり，キャンバスが劣化したりする．

    (f) 太陽光でぼろぼろになる．

(g) 絶縁破壊が生じる．

第20章

1. (a) 爆発性　(b) 毒性，可燃性　(c) 毒性，可燃性．この毒性は"シンナー"として知られている　(d) 毒性．この毒性がイタイイタイ病の原因となった　(e) 毒性．この毒性が水俣病の原因となった　(f) 毒性　(g) 毒性　(h) 爆発性，酸化性　(i) 引火性，爆発性　(j) 引火性，爆発性．窒息も引き起こす　(k) 凍傷を引き起こす．また窒息の原因ともなる

まとめの表 物質の機能を使いこなすために

例	**典型金属の単体** ナトリウム(Na), カリウム(K), マグネシウム(Mg), カルシウム(Ca), アルミニウム(Al), ガリウム(Ga), 鉛(Pb), 亜鉛(Zn), カドミウム(Cd), 水銀(Hg)など
結合	金属結合
集合状態	一般に固体(金属結合でできた結晶). Hg, Ga は液体.
溶解度	
熱的特性	遷移金属の単体に比べ融点が低い. 一般に熱の良導体. 熱伝導は金属結合の電子によって行われる.
力学的特性	遷移金属に比べて軟らかく, 変形しやすい(可塑性). また, 弾性(引っ張り, 曲げに対する)が小さい. Al は軽くて, 弾性が高く構造材料として優れている.
電気的特性	一般に電気の良導体(金属結合の特性). Hg は極低温で超伝導性.
磁気的特性	一般に反磁性. d, f 軌道に電子が入っていないか, あるいは定員一杯に入っていて不対電子がない. 外殻電子は結合に使われ, 対になっている.
光学的特性	結晶は光を反射(金属光沢). 光学レンズの上に蒸着して鏡面を作る(Al, Hg). それぞれの元素に特有の発光(炎色反応).
耐(久)性	第1, 2族元素は反応性が高く, 空気中, 水中で変化する. その他の元素も空気中で劣化する. Al は表面に不働体ができて劣化が進まない.
有害性	Pb, Cd, Hg, タリウム(Tl)などは極めて有毒. 廃棄の時は分別して集め, それぞれに応じた処理(再生を含めて)をする.
リサイクルの可能性	分別して収集すればリサイクルでき(Al など), これによって, 資源とエネルギーの節約ができる.

遷移金属の単体	合金（金属間化合物を含めて）
鉄 (Fe), コバルト (Co), ニッケル (Ni), 銅 (Cu), チタン (Ti), タングステン (W), 銀 (Ag), 金 (Au), 白金 (Pt), ランタノイド元素 (La, Nd, Eu) など	青銅 (Cu 90, Sn 10), 真鍮 (Cu 70, Zn 30), 鋼 (Fe 99, C 0.8, Mn 0.3), ステンレス鋼 (Cr などと Fe の合金), 超超ジュラルミン (Al 87.8, Cu 2, Zn 8, Mg 1.5, Mn 0.5, Cr 0.2), チタン合金 (Ti 90, Al 6, V 4)
金属結合	金属結合
固体（結晶）	固体（結晶）
典型金属に比べて融点が高い. 一般に熱の良導体. 熱伝導は金属結合の電子によって行われる.	組み合わせる金属の種類によって性質が様々に変わる. 例えば, ハンダ合金 (Pb-Sn) は融点が低い. 一般に熱の良導体.
弾性（引っ張り, 曲げに対する）, 引っ張り強度ともに大きいものが多い（鉄は構造材料として最も重要）.	組み合わせる金属の種類によって性質が様々に変わる. ジュラルミン, チタン合金は軽くて強度も高いので, 航空機の材料として用いられる.
一般に電気の良導体（金属結合の電子による）.	一般に電気の良導体（金属結合の電子による）. 低温で超伝導を示すものもある (Nb-Ti, Nb_3Ge, V_3Ga など).
磁性を持つものが多い. d, f 軌道に不対電子を持つので, 原子は常磁性. 原子の集合の仕方によって, 反強磁性になったり強磁性になったりする.	適当な割合の合金を作ると強い永久磁石を作ることができる. 例: KS鋼 (Fe-Cr-Co-W), MK鋼 (Fe-Ni-Al). 以上は本多光太郎創製. アルニコ合金 (Fe-Ni-Al-Ti), ネオジム磁石 ($Fe_{14}Nd_2B$ 日本で作られた世界最強の永久磁石).
光を反射する（金属光沢）. Au, Cu など特有の色を持つものもある.	光を反射する（金属光沢）. 青銅, 黄銅など特有の色を持つものもある.
Au, Pt などは腐食に強いが, 最もよく用いられる Fe は酸素, 水に弱い. 何回も変形を繰り返すと, 金属疲労による破壊が問題になる.	金属の組み合わせによって, 腐食や, 疲労に強い材料を作ることができる（ステンレス鋼）.
Cr, Mn など毒性の高いものが多い. しかし極微量は生命に必要であることも多い. 廃棄の時は分別して集め, それぞれに応じた処理（再生を含めて）をする.	成分に毒性の高い金属を含むものには注意する必要がある.
分別して収集すればリサイクルでき, これによって, 資源とエネルギーの節約ができる.	分別して収集すればリサイクルでき, これによって, 資源とエネルギーの節約ができる.

例	金属酸化物（窒化物，硫化物など） セラミックス アルミナ（酸化アルミニウム Al_2O_3），酸化亜鉛（ZnO），硫化亜鉛（ZnS），チタニア（酸化チタン TiO_2），酸化ジルコニウム（ZrO_2），チタン酸バリウム（$BaTiO_3$），フェライト（Fe_3O_4）
結合	イオン結合と共有結合の中間
集合状態	固体（粉体）のものが多い．焼き固めて用いる（セラミックス，陶磁器，煉瓦など）．
溶解度	第1，2族の金属酸化物は水と反応，水酸化物になる．第12族以下の金属および遷移金属の酸化物は水の中では変化しない．
熱的特性	一般に高温まで変化しない（高い耐熱性）．断熱性（ZrO_2）のものや高い熱伝導性（Al_2O_3，BeO）のものがある．
力学的特性	圧縮に対して強い抵抗力を持つが，引っ張りに対してやや弱い．
電気的特性	一般に絶縁体ないし半導体（TiO_2，ZnO，$BaTiO_3$，CdS，ZnSなどは半導体）．ドープされた In_2O_3，SnO_2は良導体（透明）．ペロブスカイト構造を持つ $BaTiO_3$ などは強い誘電体．
磁気的特性	遷移金属を含むものは磁性をもつことがある． フェライト（Fe_3O_4）はフェリ磁性を示す（磁気記録材料）．
光学的特性	単結晶は透明（AlO_3，MgO，Y_2O_3などは光学材料：Cr，Nd などを含む単結晶はレーザー材料）．CdS，CdTePbSe などは光が当たると電気伝導性になる（光電導性，ゼロックスコピーに利用される）．
耐（久）性	金属酸化物は塩基性なので，アルカリに弱い．
有害性	成分に毒性の高い金属を含むものには注意する必要がある．廃棄の時は分別して集め，それぞれに応じた処理（再生を含めて）をする．
リサイクルの可能性	

ガラス	金属塩（酸化物，硫化物は別項）
ホウケイ酸ガラス（パイレックス，SiO_2 65-75，B_2O_3 5-12，Al_2O_3，K_2O，NaO），石英ガラス（ほぼ純粋な SiO_2）	塩化ナトリウム（$NaCl$），硫酸銅（$CuSO_4$），炭酸カルシウム（$CaCO_3$；石灰石，大理石，方解石など），硫酸カルシウム（$CaSO_4$；石膏）
イオン結合と共有結合の中間	イオン結合
液体状態（原子の配列が秩序だっていない）が流動性を失った状態で，結晶状態に到達していない準安定状態.	イオンが結晶格子を作り，結晶になりやすい．
	水に溶けやすいものが多い．一般に有機溶媒には溶けにくい．
温度を挙げていくと軟化する．一般に熱伝導度は大きくない．石英ガラスの熱伝導度は単結晶の水晶の100分の1くらいである．	一般に融点，沸点が高い（イオン結合を持つ物質の特徴）．高温でも分解しにくい．結晶の熱伝導性がかなり高いものがある（ホタル石，CaF_2；方解石，$CaCO_3$ など）．
通常のガラスは高い弾性（引っ張り，曲げ）を示すが，衝撃によって破壊されやすい．ガラスファイバーは高い引っ張り強度を持つ．	弾性率は高いが，圧縮や引っ張りに対して強度が小さく，力を加えると砕けてしまうものが多い．しかし，石，砂，煉瓦などをつなぎ合わせる材料にも用いる（モルタル）．
一般のガラスは絶縁体．導電性のガラス（SiO_2 の表面に SnO_2 の薄膜を作ったものなど）もある．	固体は一般には絶縁性．水溶液は電気伝導性がある．
一般には磁性を持たない．	遷移金属を含むものは磁性を持つものがある．特に，d軌道が約半分詰まったFe，Coあたりで磁性が大きい．ランタノイドを含む化合物も磁性が大きい．
微結晶と違って，界面がないので，透明性がよい．光学機器，ガラスファイバーの材料．石英ガラスは紫外領域まで透明．ネオジム（Nd）などを溶かしたガラスはレーザー材料．高い屈折率を持つものも作れる（鉛ガラス）．	遷移金属を含むものは有色のものが多い．蛍・リン光を出すものがある．結晶の中に取り込まれた遷移金属イオンは，レーザー発振に利用される（Al_2O_3 中の Cl^{3+} の発光，ルビーレーザー，NdYAGレーザー，$Y_3Al_5O_{12}$ 中の Nd^{3+} の発光）．
金属酸化物で塩基性なので，アルカリに弱い．	Ag塩は感光性．
一般に毒性は小さい．鉛ガラスなどでも鉛が溶け出さないような条件で使えば危険はない．	成分に毒性の高い金属や CN^- や亜ヒ酸イオンなどを含むものは有毒．廃棄の時は分別して集め，それぞれに応じた処理（再利用を含めて）をする．
融解して再利用が可能であるが，成分の違うガラスが混じるといけないので，ガラスの種類に応じた分別が必要である．	

	金属錯化合物
例	金属ポルフィリン(クロロフィル，ヘム)，フタロシアニンの金属錯体，$Fe_4[Fe(CN)_6]_3$（プルシャンブルー，ベルリンブルー青色色素)，8-ヒドロキシキノリン金属錯体，フェロセン（$[Fe(C_5H_5)_2]$）
結合	イオン結合と共有結合との共存
集合状態	結晶（イオン性，分子性)を作るものが多い．
溶解度	溶解度はさまざま．イオン性のものは水に溶け，共有結合性のものは有機溶媒に溶けやすい．
熱的特性	イオン性のものは融点が高い．共有結合性のものは融点が低いものもある．加熱すると分解するものが多い．
力学的特性	イオン性のものも，分子性のものも，結晶は圧縮や引っ張りに対して弱く，力がかかると砕けてしまうものが多い．
電気的特性	固体は一般的には絶縁性であるが，半導性を示すものも多い．金属フタロシアニンは半導体として重要性を増しつつある．
磁気的特性	遷移金属（ランタノイドを含めて）を含むものは磁性をもつ場合が多い．配位子を設計することによって，様々な磁性を作ることができる．
光学的特性	有色のものが多く，色素（顔料）として重要（フタロシアニン，$Fe_4[Fe(CN)_6]_3$は安藤広重の浮世絵の青）．発光性（8-ヒドロキシキノリン金属錯体など，発光材料）．金属フタロシアニンは光伝導性（ゼログラフィーへの応用）．
耐（久）性	
有害性	成分に毒性の高い金属や毒性の高い配位子を含むものには注意する必要がある．廃棄の時は分別して集め，それぞれに応じた処理（再生を含めて）をする．
リサイクルの可能性	

第13, 14, 15, 16族非金属元素単体	非金属, 半金属間化合物
ダイヤモンド, グラファイト, C_{60}-フラーレン, カーボンナノチューブ, 炭素繊維 (以上C), ケイ素 (Si), ゲルマニウム (Ge), 硫黄 (S), セレン (Se), ヒ素 (As), 酸素分子 (O_2), オゾン (O_3)	ヒ化ガリウム (GaAs, ガリウムヒ素と呼ばれることが多いが不適切な名称), 窒素ガリウム (GaN), 炭化ケイ素 (SiC カーボランダム)
共有結合	イオン結合, 共有結合の中間
気体, 固体 (結晶, 無定型結晶)	固体 (結晶, 無定型結晶)
ダイヤモンドは高温に耐え, また最も熱伝導度が高い物質である. Si, Ge も熱伝導性が高い. 一方, S, Se などは熱伝導性が低い.	炭化ケイ素はダイヤモンドと同様に耐熱性, 熱伝導性が大きい.
結合の性質によって, 様々に変わる. 炭素ダイヤモンドは最も硬い物質であるが, グラファイトは軟らかい. Si, Ge の単結晶はダイヤモンドと同じ構造を取るが, 原子間の結合が弱いので, 力を加えると破壊されやすい.	炭化ケイ素はダイヤモンドと同様に最も硬い物質の1つ.
Si, Ge, As などは半導性. ダイヤモンドの半導体としての可能性に関心が高まっている. グラファイトは導電性 (パイ結合). フラーレン, カーボンナノチューブの電気特性にも高い関心が寄せられている.	第13族と第15族元素との化合物は第14族元素の性質に似る. GaAs は Ga と As の間にある Ge の性質に似て半導性 (GaN も同じ).
一般には反磁性. 重要な例外に酸素分子 (O_2) がある. 常磁性で液体酸素は磁石に吸い付けられる.	一般には反磁性
Se は光が当たると電気伝導性になる (光電導性, ゼロックスコピーに利用される).	GaAs などの半導体の著しい性質は, 発光性のものが多いことである. 発光ダイオード (GaS; 赤橙, GaP; 緑, (InGa)N; 青). レーザー発振も可能である.
Se, As, P などは有毒. しかし極微量は生命維持に必要といわれている. 廃棄には専門の業者に依頼する必要がある.	成分に, Se, As, P などを含むものには注意. 廃棄には専門の業者に依頼する必要がある.

例	非金属酸化物 気体 (CO_2), 液体 (H_2O), 固体:酸化ケイ素 $(SiO_2)_n$ など. 固体材料として重要なのは $(SiO_2)_n$ で人工の水晶の単結晶は用途が広い. 岩石, 陶磁器, 煉瓦などの主成分は SiO_2.
結合	イオン結合と共有結合の中間
集合状態	気体, 液体, 固体
溶解度	CO_2, SO_2 は分子で水に溶ける. SiO_2 は3次元に広がった重合体で, 水に溶けない.
熱的特性	水晶:石英 $(SiO_2)_n$ は融点が高く, 高温まで形が変わらない. 単結晶の熱伝導度はかなり高い (石英ガラスの熱電導度は低い). 熱膨張率が小さく, 広い温度範囲で性能が変わらない.
力学的特性	$(SiO_2)_n$ (水晶, 石英) は硬く, 高い弾性率を持つ. 薄片は温度によって変わらない振動をするので, 一定の振動を作るのに用いる (水晶発振器). しかし衝撃に弱く, 破壊される.
電気的特性	一般に絶縁体ないし半導体. $(SiO_2)_n$ (水晶, 石英) は絶縁体. ZrO_2 (ジルコニア): イオン伝導体 (固体電解質), 酸化タンタル: 強誘電体 (薄膜コンデンサー)
磁気的特性	一般には反磁性. 一般に外殻に不対電子を持つ分子は室温で安定に存在しないが, NO は不対電子を持ちながら安定で, 常磁性.
光学的特性	石英, 水晶は可視光だけではなく紫外光に対し透明 (レンズ, プリズムなどの光学器械に使われる). TiO_2 (チタン白): 顔料, 反射剤
耐(久)性	石英, 水晶は高温に耐え, 空気中でも極めて堅牢. アルカリにはやや弱い.
有害性	CO は強い毒性を持つ. 窒素酸化物, 硫黄酸化物の有害性が問題になっている. CO_2 の地球温暖化効果も重大な問題である.
リサイクルの可能性	

炭素化合物	
脂肪族化合物	芳香族化合物
エタン(CH_3-CH_3)，エチレン($CH_2=CH_2$)，アセチレン($CH\equiv CH$)，エタノール(CH_3CH_2OH)，アセトアルデヒド(CH_3CHO)，酢酸(CH_3COOH)，酢酸エチル($CH_3COOCH_2CH_3$)，アセトン(CH_3COCH_3)	ベンゼン，トルエン，ナフタレン，フェノール，アニリン，テレフタル酸，サリチル酸
共有結合（シグマ結合）	共有結合（シグマ結合，パイ結合）
気体，液体，固体	液体，固体
有機溶媒に溶ける．OH，COOH，SO_3Hなどを持つものは水に溶ける．	有機溶媒に溶ける．OH，COOH，SO_3Hなどを持つものは水に溶ける．
固体のものも，加熱すれば，融解し液体になり，また揮発して気体になる．固体は熱を伝えにくい．高温で熱分解する．	固体のものも，加熱すれば，融解し液体になり，また揮発して気体になる．固体は熱を伝えにくい．高温で熱分解する．
一般には固体のものでも，分子同士の引力が弱いので，力を加えると簡単に砕ける．弾性，可塑性ともに小さい．	一般には固体のものでも，分子同士の引力が弱いので，力を加えると簡単に砕ける．弾性，可塑性ともに小さい．
一般には絶縁体．酒石酸カリウムナトリウム（ロッシェル塩）は強誘電体．	一般には絶縁体だが，ベンゼン環が多数縮合した化合物は半導性．ベンゼン環が平面上で無限につながったグラファイトは電気をよく伝える．
一般には反磁性	一般には反磁性
無色（可視領域に吸収がない）のものが多い．しかし，長い共役系を持ったニンジンの色素カロテンは赤色（動物の眼の中の感光色素になっている）．	共役系を設計することによって，どのような色の化合物でも作り出すことができる（色素，染料，顔料）．また，いろいろな色の光を出す蛍光物質も作れる（発光体）．レーザー発振も可能（色素レーザー）．
酸化などを受け，大気中では劣化する．	空気中で劣化しやすい（光によって開始される酸化）．
食料，ビタミンのように生命維持に欠くことのできないもの，医薬，農薬などから有毒のものまで様々．一つ一つの物質について判断する必要がある．	食料，ビタミンのように生命維持に欠くことのできないもの，医薬，農薬などから有毒のものまで様々．一つ一つの物質について判断する必要がある．

	有機高分子化合物
例	人工のもの：ポリエチレン，ポリ（塩化ビニル），ポリ（エチレンテレフタレイト）（PET），ナイロン（6-ナイロン，6,6-ナイロン），天然のもの：タンパク質，セルロース，天然ゴム，遺伝情報伝達物質（DNA，RNA）
結合	共有結合
集合状態	長い分子が絡み合って，無定形の固体になっているものが多い．
溶解度	有機溶媒にはある程度溶けるものがある．
熱的特性	人工有機高分子化合物の多くは，加熱すると軟化し，可塑性が高くなり，この状態で成形する．高温では分解する．熱伝導性の小さいものが多い．
力学的特性	人工有機高分子化合物の多くは，低分子化合物と違い，ガラス状態で固化しているので，可塑性があり，引っ張り，曲げなどに柔軟に適応する．ゴムは特殊で，高い弾性を示し，それに応じた用途が広い．
電気的特性	一般には絶縁体 ポリアセチレン，ポリフェニレン：導電性
磁気的特性	一般には反磁性
光学的特性	共役系を組み込むことによって，どのような色の化合物でも作り出すことができる．また，いろいろな色の光を出す蛍光物質も作れる．
耐(久)性	空気中で劣化しやすい（光によって開始される酸化）．
有害性	食料，ビタミンのように生命維持に欠くことのできないもの，医薬，農薬などから有毒のものまで様々．一つ一つの物質について判断する必要がある．
リサイクルの可能性	実用の人工高分子は複合系で使われているので，再利用に問題があるが，単一の高分子を使い，分別をよくすれば再利用も可能（例：PET）．

索 引

ア

アクチノイド 42
アボガドロ定数 13
アモルファス 112
　——合金 133
　——シリコン 112
アルマイト 145
アルミニウムのリサイクル 223
安全性 3, 215

イ

イオン化エネルギー 37
イオン化傾向 39
イオン結合 55, 85
イオン結晶 85
色 52, 98
引火物 218

ウ

ウィスカー 153
運動エネルギー（回転の） 91
運動エネルギー（振動の） 91
運動エネルギー（並進の） 91

エ

永久磁石 191
液晶 109
　——ディスプレイ 110
液体 102
円軌道 23
炎色反応 52
延性 89
エントロピー 154

オ

オームの法則 172
温度 90, 163

カ

化学結合 55
書き換え可能なCD 209
化合物 8
可視光線 198
火成岩 139
価電子 37
　——帯 205
可燃物 218
価標 58
カラーフィルム 145
ガラス 106, 130
　——繊維 122
カリ長石 141
環境汚染 216
環境ホルモン 216
岩石 139
ガンマ線 198

キ

機械的特性 149
希ガス 39
気体 101
基底状態 33
軌道の混成 71
機能 9
急性毒性物質 218
強磁性体 185
凝集状態 102
共役（二重結合の） 65
共有結合 56, 82
　——性結晶 83
　——の分極 66
強誘電体 180
金属間化合物 133
金属結合 69
金属結晶 86
金属酸化物の超伝導性 176
金属疲労 211

ク

グラファイト 95

ケ

傾斜機能材料 146
形状記憶 159
　——ポリマー 160
ケイ素 83
結合 54
結合性軌道 61, 78
結晶 102
ゲルマニウム 83
原子 17, 46
　——核 17
　——半径 43

索引

――番号　18
――量　36
元素　19

コ

鋼　133
光学的特性　198
　――（原子の）　50
合金　132
格子欠陥　151
剛性率　156
構造式　60
降伏点　156
高分子化合物　115
黒鉛　95
黒曜石　140
固体電解質　179
ゴム弾性　153
コレステリック液晶　110

サ

最外殻　23
材料　3
　――の劣化　211
サファイア　129
酸化アルミニウム　129
三重結合　63
酸性雨　213
酸素による劣化　213

シ

磁化　185, 189
　――曲線　189
紫外線　198
磁気的特性　97
　――（原子の）　48
磁気量子数　27

磁区　189
シグマ結合（σ結合）　62, 64
資源　221
シス形　77
磁性　14, 184
　――体　184
自然発光　204
質量数　18
周期表　36
　――の周期　40
　――の族　38
周期律　36
ジュラルミン　133
主量子数　27
シュレーディンガーの波動方程式　20
常磁性体　185
白川英樹　96

ス

水晶　83, 129
水素結合　103
砂　141
スピン磁気モーメント　15, 186
スピン量子数　27
スメクティック液晶　109
ずれ弾性率　156

セ

正孔　177, 205
成長の限界　222
石英　140
　――ガラス　107
赤外線　198
積層構造　144

絶縁破壊　212
石灰岩　140
セメント　127
セラミックス　126, 130
セルロース　136
繊維強化金属　144
遷移金属　39
遷移元素　38

ソ

ソーダガラス　107
素材　3
塑性　149, 156, 158
　――変形　158

タ

ダイオキシン　216
耐候性　213
体心立方構造　87
堆積岩　139
耐熱性　170
ダイヤモンド　83
炭化ケイ素繊維強化アルミニウム　144
単結合　63
弾性　149, 154
　――限界　155
炭素繊維　122
　――強化チタン　144
単体　8
短波　198
タンパク質　138

チ

チタン合金　133
チタン酸バリウム　182
中性子　17

索引

超々ジュラルミン 158
超伝導 132
　――磁石 195
　――体 174
沈黙の春 216

テ

ディスコティック液晶 109
鉄筋コンクリート 143
転位 152
電気陰性度 40
電気素量 12
電気抵抗率 172
電気的特性 14
　――（イオン結晶の） 96
　――（共有結合性結晶の） 94
　――（金属結晶の） 94
　――（原子の） 48
　――（物質の） 93
電気伝導（半導体の） 177
電気伝導（良導体の） 177
　――性（共役パイ電子系の） 65
　――率 172
典型金属 39
典型元素 38
電子 12, 17
　――殻 23
　――の軌道 16
　――の機能性 14
　――配置 31
　――励起 51

電磁波 198
展性 89
伝導帯 205

ト

同位体 18
トランス形 77

ナ, ニ

内殻 23
ニクロム 134
二酸化ケイ素 129
二重結合 63
ニューガラス 131

ネ

熱 163
熱エネルギー（物質の中の） 90
熱的特性 162
　――（共有結合性結晶の） 93
　――（金属結晶の） 93
　――（原子の） 46
　――（物質の） 90
　――（分子結晶の） 93
熱伝導 92
　――（気体における） 168
　――（固体における） 168
　――性 166
　――率 166
ネマティック液晶 109
粘度 103
粘土 141

ハ

配位結合 67
パイ結合（π結合） 62, 64, 95
爆発性 218
爆発物 218
パスカルの法則 106
破断点 156
発火物 218
発光 203
　――ダイオード 205, 207
波動関数 22
波動性 20
波動方程式 20
反結合性軌道 62, 78
反磁性体 185
半導体 176
　――レーザー 208
バンドギャップ 206

ヒ

ヒ化ガリウム 176, 179
光 198
　――起電 206
　――起電性 205
　――伝導 205
　――の吸収 52, 98, 201
　――の透過 201
　――の放出 50
　――ファイバー 123, 201
　――劣化 212
引っ張り強度 156
ビデオテープ 193

索引

フ

ファインセラミックス 131
ファンデルワールス力 85
フェリ磁性 192
複合化 160
—— (材料の) 143
複合材料 143
不対電子 49, 186
物質構造の階層性 7
プランク定数 20
フロッピーディスク 193
フロン 216
分子 84
—— 軌道 59
—— 結晶 84
フント則 32

ヘ

閉殻構造 23
ベニヤ板 144
ペロブスカイト型構造 182
ベンゼン環 65

ホ

ボイル・シャルルの法則 47
方位量子数 27
放射線 217
ポリアセチレン 96
ポリマー 115
—— アロイ 124

ポルトランド・セメント 127
ボロン繊維強化アルミニウム 144
本多光太郎 135, 192

マ

マイクロ波 198
マルテンサイト変態 159
慢性毒性物質 218

メ

メタンハイドレート 222
面心立方構造 87

モ

木材 136
モノマー 116
木綿 137
モル 13
—— 吸光係数 202

ユ, ヨ

有効プラス電荷 37
陽子 17

ラ

ランタノイド 42

リ

力学的特性 (イオン結晶の) 88
力学的特性 (共有結合性結晶の) 87
力学的特性 (金属結晶の) 89
力学的特性 (物質の) 87
力学的特性 (分子結晶の) 90
—— の強化 160
リグニン 137
リサイクル 223
量子力学 15, 20
良導体 173
臨界温度 174

ル, レ, ロ

ルビー 129
励起状態 33, 50
レーザー 203
レンガ 141
六方最密構造 87

欧字, 数字

CD 209
CVD法 112
d軌道 24, 27, 187
f軌道 24, 187
KS鋼 135, 192
MRI 193
p軌道 24
PET 116
s軌道 24
sp混成軌道 72
sp^2混成軌道 75
sp^3混成軌道 77
X線 198
3d軌道 31
6-ナイロン 116

著者略歴

杉森 彰（すぎもり あきら）

1933年	東京に生まれる
1956年	東京大学理学部化学科卒業
1958年	同大学院修士課程修了
	日本原子力研究所研究員
1963年	上智大学助教授
1972年	同 教授
1999年	同 名誉教授

著書　「有機化学概説（増訂版）」「演習　有機化学（新訂版）」（以上，サイエンス社），「化学実験の基礎知識」（共著）「化学と物質の機能性」（以上，丸善），「有機光化学」「基礎有機化学」「光化学」「化学をとらえ直す─多面的なものの見方と考え方─」「化学薬品の基礎知識」「Catch Up 大学の化学講義─高校化学とのかけはし─（改訂版）」「物質の機能からみた化学入門」（以上，裳華房）

物質の機能を使いこなす ─ 物性化学入門 ─

2002年 7月25日　第1版発行
2019年 8月30日　第9版1刷発行
2024年 9月15日　第9版5刷発行

検印省略

定価はカバーに表示してあります。

増刷表示について
2009年4月より「増刷」表示を「版」から「刷」に変更いたしました。詳しい表示基準は弊社ホームページ
http://www.shokabo.co.jp/
をご覧ください。

著　者　　杉　森　　彰
発行者　　吉　野　和　浩
発行所　　東京都千代田区四番町8-1
　　　　　電　話　東　京　3262-9166（代）
　　　　　郵便番号　102-0081
　　　　　株式会社　裳　華　房
印刷製本　株式会社 デジタルパブリッシングサービス

JCOPY 〈出版者著作権管理機構 委託出版物〉
本書の無断複製は著作権法上での例外を除き禁じられています．複製される場合は，そのつど事前に，出版者著作権管理機構（電話03-5244-5088，FAX 03-5244-5089，e-mail: info@jcopy.or.jp）の許諾を得てください．

一般社団法人 自然科学書協会会員

ISBN 978-4-7853-3066-8

© 杉森 彰，2002　　Printed in Japan

物質の機能からみた 化学入門

杉森 彰 著　A5判／2色刷／224頁／定価 2640円（税込）

『物質の機能を使いこなす』をブラッシュアップ．2単位用教科書としてより使いやすく，また2色刷りとなり一層わかりやすさを増した．物質の機能性についての理解を深めながら化学の本質を身につけることができる．

【主要目次】第1部 物質の構造から機能をみる　1．モノを使いこなすとは　2．物質構造の階層性と機能性　3．電子のプロフィール　4．原子のプロフィール　5．元素の周期律　6．原子の機能性　7．結合のいろいろ　8．結合が作り出すもの　9．気体，液体，固体，液体と固体のあいだ　10．高分子化合物　11．セラミックスとセメント，合金　12．天然物材料　13．材料の複合化　第2部 機能性から物質をみる　14．物質の力学的特性　15．物質の熱的特性　16．物質の電気的特性　17．物質の磁気的特性　18．物質の光学的特性　19．材料の劣化　20．材料の有害性と安全性　21．資源とリサイクル

物質・材料をまなぶ 化学

山口佳隆・伊藤 卓 共著　B5判／2色刷／192頁／定価 2860円（税込）

身の回りの物質・材料の本質を見極め，現代社会における化学の重要性をあらためて認識するために編まれた基礎化学教科書．

【主要目次】序章　化学と物質・材料　1．物質の根源：粒子の概念　2．物質の根源：軌道の概念　3．ナノからミクロへ：原子と原子をつなぐ化学結合　4．ミクロからマクロへ：分子の構造と分子間の相互作用　5．物質の性質　6．物質を作る：物質合成デザイン　7．物質を作る：化学平衡と反応速度　8．物質の種類　9．物質と材料　10．生命体を構成する物質　11．生態系を構成する物質　12．環境と物質　13．材料の役割と変遷

物性物理／物性化学のための 群論入門

小野寺嘉孝 著　A5判／210頁／定価 3080円（税込）

量子力学あるいは量子化学を摂動論まで学んだ物理／化学系の学部学生のための群論の入門書．さまざまの概念を正確に理解し，またそれらの概念のあいだの関係を的確に把握することを重要な目標とした．特に，数学と物理の接点にあたるところでは，考えの筋道をなるべく丁寧に説明した．

【主要目次】1．対称性と群　2．どんなときに群論が使われるか　3．群　4．対称操作による関数の変換　5．群の表現（I）　6．量子力学への応用（I）既約表現の役割　7．群の表現（II）　8．量子力学への応用（II）摂動　9．積表現と選択則　10．点群　11．分子振動　12．分子の電子状態　13．スピンと2価表現　14．対称積表現と反対称積表現　15．結晶の対称性

結晶化学 －基礎から最先端まで－

大橋裕二 著　B5判／210頁／定価 3410円（税込）

"原子・分子の構造の解明"から，"分子間相互作用の解明"へ──．近年急速に進歩を遂げ，ついに結晶中の分子の動きまで捉えうるようになった現代「結晶化学」の経緯と到達点，および今後の可能性をあますところなく伝える決定版．

【主要目次】1．物質の構造　2．結晶の対称性　3．結晶構造の解析法　4．イオン結合とイオン半径　5．ファンデルワールス相互作用　6．電荷移動型相互作用　7．水素結合　8．結晶多形と相転移　9．結晶構造の予測　10．固体中の分子の運動　11．有機固相反応　12．有機結晶の混合による反応　13．結晶相反応　14．中性子回折を利用した反応機構の解明　15．反応中間体の構造解析

裳華房ホームページ　https://www.shokabo.co.jp/